100 种易养花草图鉴及栽培技巧

日本主妇之友社　编

孙梦玲　译

机械工业出版社

CHINA MACHINE PRESS

目 录 Contents

本书的使用方法

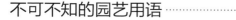

本书的使用方法

在花园或玄关入口处的狭小空间里，在阳台或露台上养花观赏的人想必不少。此外，想要让更多的花朵盛放，或是养一些此前不曾养过的花卉，又或是让花朵绽放得更加美丽，想必很多人都有诸如此类的期待。

本书为花友们推荐了 102 种（为便于识读，书名使用了 100 种）可以在庭院和阳台上美丽盛开的花卉，并对其养护要点加以说明。本书非常适合那些想要通过鲜花给家庭空间带来美感，提升养花技巧的人群，这是一本养花入门书籍。

花名。

花卉分类、大小、花色、别名等。

栽培日历：花期、播种、栽种等，介绍主要作业的适宜时期。

解说养护要点。

植物特征、观赏方式。

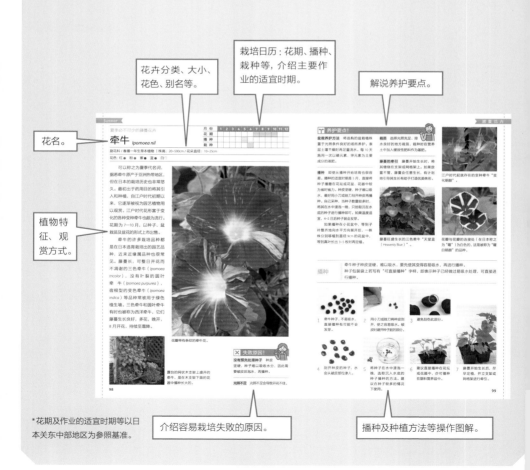

介绍容易栽培失败的原因。

播种及种植方法等操作图解。

*花期及作业的适宜时期等以日本关东中部地区为参照基准。

Early Spring

早春花卉

从秋至春花开不断，园艺中必不可少的花

三色堇 Viola、Pansy

月　份	1	2	3	4	5	6	7	8	9	10	11	12
花　期												
栽　种												
播　种												

堇菜科 / 秋播一年生草本植物 | 株高：10~15cm / 花朵直径：3~10cm | 别名：蝴蝶花

花色：紫● 白○ 黄● 橙● 粉● 红●

　　花色丰富，花姿富于变化，生命力顽强，易养护，从秋至春是花坛及花器中不可或缺的花卉。三色堇是原产于欧洲的数种堇菜属品种属间杂交而成的园艺植物，据悉有数千个品种，在日本作为花坛花苗被广为生产。三色堇（大花品种）与三色堇（小花品种）在植物学范畴属同一类植物，我们习惯上将花朵较大的类型称为三色堇（大花品种），花朵小巧的类型称为三色堇（小花品种），实则二者无法严格区别开来。

　　三色堇（小花品种）原本属春季花卉，近年杂交选育出大量耐寒品种，可从秋季一直持续盛放到来年初夏。原为一种多年生草本植物，但在日本夏季生长不佳，难以度夏，因而被视作一年生草本植物进行栽培。

　　秋冬时节正值开花的盆栽苗上市，此时购入，种植养护会颇为轻松。难以买到花苗的最新品种或珍品，可购买种子进行培育。播种育苗也并非难事。

✖ 失败原因！

遭受寒冷的北风侵袭　虽说是较耐寒的花卉，但也不可放置在北风穿过的地方。避开北风，在光照充足的地方进行养护。

肥料不足　因为花朵接连盛放，需要定期追肥，但是施用氮元素含量过多的肥料有可能会产生徒长现象。适宜施用含磷酸成分较多的肥料。

忘记摘残花　植株结种后会生长衰弱，不要忘记摘掉残花。

🌱 养护要点！

栽苗 秋季购入花苗进行种植，在光照充足的地方进行养护。定植于花坛时，通常三色堇（大花品种）不太会长大，株间距在 10cm 左右为宜，三色堇（小花品种）则会长大展开，株间距在 15cm 左右为宜。盆栽时，直径 15cm 左右的花盆通常种植 2、3 株，但若种植 1 株也饶有雅趣。

浇水 盆栽植株，表层土不干不浇水，浇则浇透。地栽植株则要在种植后的 1~2 个星期内适当浇水，保持土壤湿润。之后无须特意浇水，但如果是在北风直吹、极度干燥的环境里，则适宜选择天气较为温暖的一天，在日间浇水。

肥料 养分耗尽，开花状况不佳。种植时施用足量的缓效性肥料作为基肥。待到春季气温上升，植株生长变得旺盛，花朵会接连盛放，此时不要忘记追肥。盆栽植株适宜 10 日左右施用 1 次液肥。对于花坛植株则应将复合肥料零散薄施于根部。

摘残花 三色堇开花后会自动授粉结种，结种后会开花不佳，花朵凋谢后将残花连同花梗从根部一并摘掉。时常摘残花尤为重要，春日起请尽可能每日打理。

回剪 春季植株生长旺盛，有时植株徒长会导致株形逐渐变得松散。茎过长时可以回剪至约 1/3 处。待腋芽生长，植株会再次变得株形优美。

病虫害防治 春季易生蚜虫或小菜蛾，适时摘残花或回剪改善通风，同时撒些具有渗透迁移性特点的杀虫剂到植株根部，这样就可以安心了。

〜要点！〜

牢记摘残花！

花朵凋谢后掐住花梗从基部拔起。尽可能每日打理。

足量施肥！

种植时将长效性肥料混入营养土中。

盆栽植株 10 日左右施用 1 次液肥。

回剪整形

如果茎长得太长，就剪掉一半左右来调整株形。在芽的上方剪。

花苗种植 ❶
花器种植

市售花苗种类繁多，可选择心仪的品种种植。无论是同一品类的集合，抑或各种花色间的组合，方法不一而同，乐趣无穷。与郁金香等其他花卉一同混栽也非常值得一试。置于寒风侵袭不到的场所，如光照充足的南向屋檐下，予以养护观赏。

1 向圆形或长条花盆的底部加入 2~3cm 厚的大粒营养土，再将约一半用量的普通营养土置于其上。

2 拔出盆栽苗并列摆放。此时应适量第 1 步用的营养土，使花苗根部距花盆边缘下方 2~3cm。

3 施用缓效性肥料作为基肥。肥料也可在种植前一并混在营养土中。

花苗种植 ❷
吊 篮

开花期长、花开不断的三色堇用来装饰吊篮最为适宜。（吊篮式样丰富，这里使用铁丝网篮和无纺布的制成品）

三色堇吊篮。

1 将花苗的根球疏散开，清理掉 2/3 的土壤。

2 在铁丝网篮内侧无纺布的切缝处插入花苗根。

3 舒展根系，上面覆盖营养土。

4 在其他切缝处依次插入花苗，最后在篮子顶端栽种花苗，种植即完成。

专栏

选苗注意事项！

1 避免选择茎叶徒长，叶片变黄的花苗。

2 选择整体看上去精神、挺拔的花苗。

3 从花盆里拔出花苗时能够看到很多细小的根须，这时不破坏根球，保持原样种植；如果粗根紧实，把疏根部再种植。

花坛种植

三色堇是花坛从秋到春不可或缺的花卉，精心照料可持续开花至初夏。在混入足量堆肥、腐叶土的肥沃土壤中施用足量基肥种植花苗。

1 在栽苗的位置挖一个10cm 深的苗穴，加入基肥后再重新放回少量土壤。

2 拔出盆栽苗，种植在加了基肥的苗穴中，苗间距以 15cm 为基准。

3 压实植株底部，固定花苗。

播种育苗

播种的适宜时期在 8—9 月。真叶长出 3、4 枚时移植到 3 号花盆○中，等到首枝花开时进行定植。

1 小号花盆里加入营养土，摊平表面。

2 盆底给水。

3 将花种置于纸上，均匀播种避免种子堆叠，花种之间间隔 1cm 为宜。

4 播种后在种子上方薄覆细土，使种子隐约可见。

5 从上方轻轻按压，使种子与土之间变得紧实。

6 养护于背阴处，避免干燥，10 日左右能够出芽。芽出齐后将其移到光照条件良好的场所。

7 苗生 3、4 枚真叶时进行移植。可用一次性筷子将苗从花盆中取出，当心不要损伤根部。

8 在每个小号塑料盆中依次种植 1 株花苗。

9 种植后整理营养土。

10 种植完成后不要忘记施肥。等到花朵开始绽放时再定植到花坛等场地中。

○ 一般花盆的号数约是花盆直径（单位：cm）的 1/3，即 3 号盆的直径约为 9cm。

色彩缤纷的冬春花卉

报春花 *Primula*

月 份	1	2	3	4	5	6	7	8	9	10	11	12
花 期												
播 种												
栽 种												

报春花科 / 春播一年生草本植物、半耐寒性多年生草本植物 ｜ 株高：5~40cm / 花朵直径：1~8cm

花色：红● 粉● 紫● 黄● 白○

报春花

报春花与一种日本野生樱草同属，据悉从欧洲至亚洲分布有 500 多种原始种。在此基础上，众多的园艺品种也拥有悠久历史，在世界范围内广受喜爱。由原产于欧洲阿尔卑斯山的品种衍生而成的耳叶报春，据悉于 16 世纪在英国得到改良，至今仍被视作英国的传统园艺花卉，备受青睐。

甚至在日本，报春花也已经成为冬春必不可少的装饰花卉。最为常见的品种有较耐寒，被用于盆栽或种植于花坛的多花报春和朱莉叶报春（*Primula juliae*），装饰春季花坛的报春花，作为冬季盆花上市出售的鄂报春等。近来出现了更多品种可供人选购，如结出球状花序的球花报春，细长花序的高穗花报春，开出黄色花朵的牛舌报春，以及原产自中国的藏报春等。此外，还有樱草和日本报春等品种也被作为传统园艺植物或山野草进行栽培。

✖ 失败原因！

忘记摘残花 接连开花的品种较多，每天不要忘记摘残花。

缺水 开花期间植株缺水容易损伤花朵，营养土的表层土壤干燥时尽早足量浇水。

光照不足 多数品种喜光。置于室内养护的盆栽也要尽可能给予光照。

养护要点！

所有品种均不喜干燥土壤，花期缺水容易造成花朵损失，表层土壤干燥时尽早足量浇水。时常摘残花，每月施用 2、3 回液肥则可长期观赏到大量花开。除鄂报春之外的多数品种，光照不足会导致开花不佳，生长不良，应置于光照充足的地方养护。

耐寒性及耐暑性因品类而异，根据每种品类的习性养护管理。

朱莉叶报春

看起来像是缩小版的多花报春，拥有不输于多花报春的多彩花色。耐寒，大致与多花报春采用相同方式养护即可。与多花报春相比，相对耐热，更容易度过整个夏天。

多花报春

多花报春可谓是集齐了各种花色的多彩花卉，近年亦出现了使人联想到玫瑰的重瓣品种。晚秋时节开始上市，作为冬季到早春的窗边装饰花卉为人喜爱，另外也被广泛用作温暖地区的同时期花坛花材。

冬季选购的盆栽应置于室内阳光明媚的窗边进行养护，夜间，以不结冻的温度较为适宜，若是温暖地区也可置于阳台或屋檐下。室温太高时应格外小心，如果将其置于有暖气的房间，花朵将不会绽放太久，花色亦会不佳。

多花报春能够接连开花，花序次第伸展。尽早摘残花，每月施用 2、3 次液肥，促使植株保持旺盛状态。

多花报春不耐暑热，通常被视作一年生草本植物，但在寒冷地区也有可能度过整个夏天。夏季将其置于凉爽通风且光线明亮的背阴处，待盆土表层干燥时足量浇水。6 月移植、换盆和分株。

报春花

小巧的多花性品种，相对耐寒，因此被广泛用作早春盆栽或花坛装饰花材。

购买的开花植株宜放置在室内凉爽处或不打霜的室外（如屋檐下）观赏。避开强风或雨水侵袭。注意，放在高温的地方会缩短开花时间。表层土壤干燥时再足量浇水，浇水时不要打湿花朵。每月施用液肥 2、3 次，直至春季。

从播种开始培育也很容易。直接将种子播撒到花器或花坛中，在向阳处培育。耐寒性略差，冬季注意防霜冻。原本为多年生草本植物，但因为不喜高温潮湿环境，在日本被视作一年生草本植物。

朱莉叶报春

多花报春

多花报春重瓣品种

牛舌报春

藏报春

牛舌报春

盛开在欧洲沼泽地和草原上的黄色牛舌报春，是多花报春的杂交亲本之一。多花报春的另一个杂交亲本黄花九轮草也开类似的黄色花朵，但其特征是花朵朝下开放，花朵中间有橙色斑点。

无论哪个品种均强健耐寒，地栽即可开出美丽的花朵供人观赏。秋季或早春时节购入花苗，种植在光照充足的花坛或种植箱中。牛舌报春不喜高温潮湿环境，因此在寒冷地区以外难以度过整个夏天。

球花报春

球花报春是一种原产于喜马拉雅山的原始种，结出球径近 2.5cm 的粉色、红色或白色球状花序，也被称为"球花樱草"。

耐寒性强，耐暑性弱，因此在寒冷地区以地栽的方式培育，在温暖的地区适宜种植在花盆或种植箱中。在关东以南地区采用盆栽的方式比较容易成活。早春时节至花期需要放置在光照充足的地方，开花后的夏季移至背阴凉爽处养护。避开雨水侵袭的通风处最为适宜。

鄂报春

直径约 5cm 的大型花朵大量盛放于枝头。花色多彩，即使光照不足也能长期持续开花，因此作为冬季盆栽花卉深受欢迎。

不耐寒，应置于室内养护观赏。将开花植株放置在能够接受光照的窗边，待表层土壤干燥时再足量浇水。时常摘残花，不时施用液肥，花朵可长期持续绽放。

触摸茎叶时要小心，可能会引发皮疹。但是最近无毒品种变得多了起来。

球花报春

藏报春

原产自中国四川省的多年生草本植物，分为花色丰富、花瓣呈波浪状的裂瓣系（Fimbriata）和白色星花系（Stellata），耐高温，又耐寒，易于生长的星花系品种颇具人气。植株强健，种植在半背阴，雨水侵袭不到的地方也不用特殊养护。植株寿命为 2~3 年，借由植株自然落种能够在植株底部长出子株，条件适宜可每年开花。

鄂报春

高穗花报春

高穗花报春

　　高穗花报春是一种原产于喜马拉雅山脉至中国西南部的多年生草本植物，也被称为"高穗花樱草"。耐寒性强，冬季亦可被安置在室外，但耐暑性较弱，在寒冷地区以外的地方难以度过整个夏天。养护方式参照多花报春即可。

| 盆花换盆 | 购买的报春花盆花。
为能够长时间观赏，建议将其重新种植到大一号的花盆中。 |

1　准备大一号的花盆，堵住盆底穴口的盆底网，赤玉土或沙质土，营养土，基肥。

2　将植株从塑料营养盆中拔出，由于根部还没有扎牢，尽量不要破坏根球土坨。

3　稍微去掉一些底部土壤，舒展根系进行移植。

4　在花盆底部铺上盆底网，加入混有少量赤玉土的营养土，种植时使植株地上部分的基部距花盆边缘 2~3 cm。

13

清丽脱俗，香气怡人的潮流花卉

水仙 *Narcissus*

月　份	1	2	3	4	5	6	7	8	9	10	11	12
花　期												
栽　种												
挖　根												

石蒜科 / 秋植球根花卉 ｜ 株高：10~45cm / 花朵直径：2~13cm ｜ 别名：洋水仙、黄水仙

花色：橘● 黄● 白○

早春庭院里盛放的喇叭水仙。白色花卉为报春花。

春季时节，清丽绽放的球根植物，点缀庭院，花香怡人。日暮时分起叶片垂直而整齐地生长，绿意盎然，作为冬季里的地被植物尤为珍贵。

日本各地也可见一些自然野生、被称为"日本水仙"的品种，这些品种被认为是原产自地中海沿岸地区至欧洲一带，后经贸易途径引入日本的品种的野生化产物。

水仙很早以前就在欧洲为人所知，并在希腊神话中登场。自 16 世纪以来被广为栽培，品种改良历史已超过百年，许多品种深受喜爱。一般来说喇叭水仙及多花水仙等园艺品种是主流，但近来，小巧的仙客来系水仙，及被称作裙围水仙的原始种系列的小型品种也逐渐在市面上出售。开出黄色花朵的长寿水仙因具有浓郁的香气和细薄的叶子也颇受欢迎。

✖ 失败原因！

球根个头小　个头小的球根难以开花。尽可能选择个头大的球根进行种植。

光照不足　光照不足难以长成肥硕的球根，开花亦会不佳。

疏于移植　长年疏于移植，球根会拥挤不堪，难以长得肥硕。约每 3 年挖一次，仅对球根个头大的植株加大间隔重新种植。

🌱 养护要点！

种植场所 庭院种植时，从长出叶片的冬季至次年春季给予充足日照，5 月以后，树荫下，排水良好的地方最适宜其生长。尽可能选择与此条件接近的场所进行种植。如果将其种植在适宜的位置，则无须移植，每年即可盛开美丽的花朵。种植的最好时节是秋季，栽种深度应为球根高度的 2~3 倍。

盆植方法 用花盆或者种植箱种植时，为了保证扎根空间，将球根的头部略微覆盖，浅植。但是若使用深度达 30cm 以上的大型花器，则应和地栽一样进行深植。选用市售的花草用营养土进行种植。

放置场所 盆栽或者种植箱种植时，应将其置于光照充足的地方。因为它抗寒能力强，所以无须防寒。但是要当心积雪压断花茎。

浇水 植于花盆或种植箱中时，若表层土壤干燥应足量浇水。叶片萌发后营养土很容易干燥，所以要勤浇水。盛放之后叶片枯萎，停止浇水，连盆置于通风良好的背阴处干燥，使它们安全度过夏天。次年可观赏更多的花朵。

移植 随着球根逐渐长大，每 2~3 年挖一次，重新种植在新的营养土中。

足量施肥 花园种植时，预先在种植穴里加入足量完熟堆肥或缓效性肥料。另外，在开花前施用一半量的基肥用作追肥。对于盆栽植株，最好趁其仍然保有叶片之时，每周施用一次液肥。

重瓣品种"冰王（Ice King）"

球根种植 ❶
花坛种植

水仙原产自地中海沿岸地区，但与日本的气候也颇为相宜，一经种植无须照料也能长时间观赏花开，是一种值得推荐的花卉。

1 待种植的水仙球根。选取个头大且没有损伤的饱满实心球根。

2 将大粒基肥略施于种植处，然后仔细翻耕土壤。

3 挖一个约 20cm 深的种植穴，整齐排列球根。水仙成片开花时较为美丽，因此适宜一次种植 10 颗以上球根。

4 覆土，种植完成。插些木棍作为标记以避免重复挖掘种植地。

5 美丽盛放的水仙。眼前的白色花卉为白晶菊。

分布于欧洲西南部至北非的原始种，围裙水仙。株高10~20cm，从冬季至早春时节持续盛放。

花朵直径达10cm的大花重瓣水仙"塔希提（Tahiti）"，是一种生命力顽强、易于生长的品种。

由原产自地中海沿岸地区的长寿水仙改良而成的园艺品种"喜月（Babymoon）"，株高约30cm。

与日本水仙相似的多花水仙"加利利（Galilee）"。淡雅清丽的白色花朵尤为美丽。

清丽动人的白黄双色喇叭水仙。

"红宝石（Scarlet Gem）"，多花水仙的一种。花朵大小适中，朵朵香气怡人。

摩洛哥原产的水仙（*Narcissus romieuxii*）。
植株高约 10cm，最适合盆栽。

副花冠较大的喇叭水仙，柠檬黄色的花被裂片与淡淡的鲑
鱼粉色的副花冠相映相衬，美丽动人。

球根种植 ❷

水仙是一种生命力顽强的球根植物，地栽时可种植数年，无须特殊养护，盆栽
时则需每年换盆。

\\ 盆栽 //	\\ 发芽球根的种植 //	\\ 挖球根 //

1 尽可能选取个头大的球根。	1 种植发芽球根时，将球根从花盆中拔出，梳理展开根系。	1 盆栽时当叶片枯萎后，挖出球根进行保存。

2 种植时使球根彼此相互接触，将其放入土壤中直至球根顶端被覆盖。	2 小心地种在花盆中，以免损伤根部。	2 将球根从花盆中拔出，抖落附土，选取个头大的球根，剪除叶片和根部，保持干燥状态加以保存。将个头小的球根丢弃。

17

从冬季至初夏持续盛放

白晶菊 *Mauranthemum paludosum*

月 份	1	2	3	4	5	6	7	8	9	10	11	12
花 期												
播 种												
栽 种												

菊科 / 秋播一年生草本植物，常绿灌木 | 株高：10~20cm / 花朵直径：2~3cm

花色：白○ 黄● 粉●

强健繁茂的白晶菊"北极（North Pole）"，这是花朵直径 2~3cm 的多花品种。

　　白晶菊原本是整个白晶菊属的代称，但日常园艺中提及的白晶菊是指白晶菊属中的一部分品种，如白色花朵的白晶菊、黄色花朵的黄晶菊等。

　　白晶菊原产于北非，株高15~20cm，半耐寒，比后面提到的黄晶菊要耐寒，3月左右起惹人怜爱的白色花朵接连盛放。如果不曝露在霜冻下，可以作为春季布置花坛的理想花材，用作花器中的混栽花材也很流行。"北极"是该种的代表性园艺品种，常常作为白晶菊的代名词使用。

　　黄晶菊原产于阿尔及利亚，株高 10~15cm，常被用作布置春季花坛的花材。接受春日阳光的照射后，无数明艳耀眼的金黄色小花将尽情绽放。不如白晶菊耐寒，寒冷时节适宜种植在花器中，并放置在温暖的地方进行观赏。

　　还有一个品种是一种原产于北非的小型常绿灌木，生有细银叶，4—7月绽放粉色花朵。

✖ 失败原因！

环境过湿导致徒长　不喜暑热，夏季环境过湿会导致徒长，植株变得软弱。

肥料不足　花朵接连绽放需要足量施肥。生长期施用液肥。

遭受严寒侵袭　黄色花朵的黄晶菊耐寒性略差。在寒冷地区，待到春季再种植。

🌱 养护要点！

栽苗 市售有种子、盆栽苗、盆花。春季购入盆栽苗种植养护较为轻松，花坛或花器种植时需间隔15~20cm。秋季也可播种育苗。可以直接在花盆或种植箱里撒种，发芽后每隔15~20cm间苗，也可在育苗盒里播种，等到真叶长出6~8枚时移植到3号花盆里，待到春季再于花坛中定植。黄晶菊则要在棚内越冬。

培育场所 无论哪个品种均应养护在排水良好的场所。黄晶菊耐寒性略弱，直到春季前都要防寒防霜冻。前面提到的粉花品种不喜高温潮湿，应避开梅雨季节的雨水，特别注意不要在过于潮湿的环境里养护。如果花枝缠绕交错变得拥挤，在夏季到来之前疏枝通风。将剪下的花枝用于扦插也不失为一个好办法。

浇水 盆栽表层土壤干燥时再足量浇水。不喜潮湿所以要等表层土干透后再浇水。地栽时，种植后的1~2周间适当浇水以免土壤干燥，此后除非土壤特别干燥，然则不必特殊浇水。

病虫害防治 春季易生蚜虫，因此撒一些颗粒状杀虫剂以作预防，亦会令人安心。

播种 无论哪一品种，播种均需在9—10月份进行，待到真叶长出5、6枚时移植到3号盆中，花开时再进行定植。

盛开美丽黄色花朵的黄晶菊。

粉花品种，开花虽晚于白晶菊，但可持续绽放至夏季前。

种在吊盆中的"北极"。白色的花朵点亮庭院或角落。

花色明艳，花形奇特

荷包花 *Calceolaria*

月份	1	2	3	4	5	6	7	8	9	10	11	12
花期	■	■	■	■								■
播种									■	■		
栽种	■	■										■

荷包花科 / 秋播一年生草本植物 │ 株高：15~40cm / 花朵直径：1~8cm │ 别名：蒲包草

花色：红● 橙● 黄●

花朵特征为膨大似蒲包状。花期长，从冬季至春季可持续观赏花开。尽管原本属多年生草本植物，但由于不耐热，因此被视作一年生草本植物。喜凉爽但不耐寒，花朵沾水后容易损伤，因此植于花器中时，应置于雨水淋不到的屋檐下养护。2—4月上市的盆花易于养护和观赏。花朵上没有斑点的全缘叶荷包花品系也可地栽于温暖的地方。

✖ 失败原因！

缺水 花期中避免缺水。时常摘残花。

光照不足 日照不足时开花状态及花色亦会不佳，请放置在光照充足的地方。

🌱 养护要点！

种植 12月至来年2月栽苗。9—10月播种。种子细小因此要播种在泥炭藓等培养基质里。种子为光敏感种子，无须覆土。真叶萌发后移至育苗盒，40~50天后定植在4、5号花盆中，置于光照充足的地方养护。

浇水 表层土壤不干不浇，浇则浇透。注意不要让水溅到花朵和叶片上。

冬季养护 在温暖的室内或框架温床内养护，以免遭受霜冻和寒风侵袭。但要注意温度过高植株容易害病。

病虫害防治 花朵沾水易生灰霉病，叶子背面易生蚜虫，请时常检查。

作为切花和香草，用途广泛

金盏花 *Calendula*

月份	1	2	3	4	5	6	7	8	9	10	11	12
花期			■	■	■							
播种									■			
栽种			■	■								

菊科 / 秋播一年生草本植物 │ 株高：20~60cm / 花朵直径：8~12cm │ 别名：小万寿菊、黄金盏

花色：橙● 黄●

原产于南欧。耀眼的橙色花朵自很早起便被应用于花坛布置及盆栽欣赏，另一方面它的切花作为礼佛花卉也逐渐为人所知。最近常被称为小万寿菊（Pot Marigold），作为一种香草也备受欢迎。有适用于花坛种植的矮生品种"喜悦（Delight）"，盛开大型花朵的"中安"及"黄金中安"等高生品种也适合用作切花。由于金盏花相对耐寒，因此推荐于温暖的地区装点冬季花坛。

✖ 失败原因！

排水不畅 土壤过于潮湿，根部可能会腐烂枯萎。应种植在排水良好的土壤中，不要过量浇水。

霜冻侵袭 虽然耐寒，但是曝露在霜寒环境中植株会损伤。注意避免霜冻侵袭。

🌱 养护要点！

播种 发芽的适宜温度是20℃左右。在温暖地区9月将种子播种在育苗盒或花盆中，等到真叶长出2、3枚时上盆，长出5、6枚时定植。也可以在花坛或种植箱里直接播种，数次间苗，株间距设置在30cm为宜。

栽种 早春时节开花的盆栽苗上市。光照充足花色会变得鲜艳，因此选择光照条件良好的场所进行栽种。不喜酸性土壤，栽种前使用苦土石灰调节土壤酸度。

摘心 真叶长出8、9枚时摘心。株形会变得丰满茂密。

浇水 表层土壤干燥时足量浇水。

肥料 氮元素过多植株会变软，开花亦会不佳，需注意。

病虫害防治 几乎不需担心，仅在选购盆苗时注意查看有没有生白粉病即可。

色彩纷呈的小球根花卉，与草坪相映成趣

番红花 *Crocus*

月　份	1	2	3	4	5	6	7	8	9	10	11	12
花　期		■	■	■								
栽　种									■	■	■	
挖　根					■	■						

鸢尾科 / 秋植球根花卉　|　株高：10~18cm / 花朵直径：2~6cm　|　别名：藏红花

花色：黄●　紫●　白○

　　不待冰雪消融，花朵便急于绽放，是欧洲最受期待的早春花卉之一。花坛镶边或群植于岩石花园及草坪中，视觉效果十分惊艳。此外，也可用作盆栽或制成吊篮观赏，采用水培方式培育也广受欢迎。它的特征是叶片像松叶一样细长伸出，花朵日开夜闭。

✖ 失败原因！

过于温暖的环境　如果冬天不经受严寒考验，将不会生出花芽。种植后，直至开花前，请置于冷凉环境中养护。

过量施肥　过量施肥可能会损伤球根。仅施用足量基肥即可，不需要额外追肥。

🏷 养护要点！

栽种　栽种在光照充足，排水良好的场所。适合砂质土壤。避开鸢尾科植物的栽种场所。预先对土壤进行深耕，并施用石灰及氮、磷、钾配比均衡的基肥。若是一颗5cm×5cm的常规球根，标准覆土深度为3cm。盆栽，以在4号盆中栽种5颗球根为基准。

浇水　从栽种到开花，表层土壤干燥时足量浇水。注意花朵溅上水后会损伤花瓣。

繁殖方式　花后如果施用含钾元素较高的肥料，则出芽个数能够决定新生球根个数。次年仅使用这些新生球根进行繁殖。5月底到6月左右，当叶片变黄时挖球根，干燥贮存在阴凉避光处直至秋季。地栽的情况，3~4年无须特殊照料。

满目盛开的风景是一首春的风物诗

针叶天蓝绣球 *Phlox subulata*

月　份	1	2	3	4	5	6	7	8	9	10	11	12
花　期				■	■							
栽　种			■	■								
肥　料			■									

花葱科 / 耐寒性多年生草本植物　|　株高：约10cm / 花朵直径：约1cm　|　别名：丛生福禄考、芝樱

花色：红●　粉●　紫●　白○

　　原产于北美。茎叶常绿，像低矮的草坪一样覆盖地表，又与樱花同一时节绽放，可爱的花朵铺满地面。耐寒耐暑，一旦扎根养护起来颇为轻松。由于它的耐旱性也较强，因此可被用作堤坝或坡地的地被植物。此外，它也可生长在土壤很少的地方，因此将其种植在假山石或脚踏石的空隙中也别有一番风味。

✖ 失败原因！

排水不畅　在湿涝的土壤中无法生长。种植在排水良好的土里，保持土壤微干燥进行养护。

夏季暑气侵袭　夏季应早上或晚上浇水，避免暑气侵袭。

🏷 养护要点！

栽种　作为地被植物栽培时，春季选购颜色中意的花苗，以30cm为间隔定植在光照充足、排水良好的场所。在种植地整地的同时每平方米土壤混入20L腐叶土，50g缓效性肥料。耙疏花苗外侧和底部的根系，铺展在营养土中种植。

浇水　表层土壤干燥时浇水，注意不要过量。

肥料　开花前，每平方米约施予20g缓效性肥料。

病虫害防治　最常见的害虫是红蜘蛛（学名为叶螨），须注意。

繁殖方法　9月以后，将旺长的枝条切取5~7cm长，然后扦插繁殖，最易成活。如果植株老化，将从根部开始枯萎，开花亦会不佳。可在早春时节选购新苗进行替换。

堆锦铺绣攒聚成团，株形茂密花香袭人

香雪球 *Lobularia maritima*

月 份	1	2	3	4	5	6	7	8	9	10	11	12
花期												
播种												
栽种												

十字花科 / 秋播一年生草本植物 ｜ 株高：10~15cm / 花朵直径：2.5~3mm（花序 2~8cm）｜ 别名：庭芥

花色：红● 粉● 紫● 白○

原产自地中海沿岸地区，尽管原本属多年生草本植物，但由于不喜高温潮湿，因此被视作一年生草本植物。即使放任不管，也会攒聚成团以紧凑的形状生长，散发着甜甜香气的小巧花朵大量着生在花序上，可用于花坛镶边或混栽植株的点缀。种在狭小的空间里，或是如地毯状铺满整个宽阔的空间，以楚楚动人的身姿为花园着色添彩。花后回剪可观赏二轮开花。

 养护要点！

播种 秋季播种。种子细小，无须覆土。播种繁殖也能发芽，因此育苗并非难事。

栽种 如果幼苗长大则难以扎根，因此要在真叶长出 5、6 枚时定植。较为温暖的地区最迟在 10 月中旬前栽种，寒冷地区则要等到来年 3 月再栽种。

浇水 喜欢较干燥的环境，表层土壤干透后再浇水。地栽时，几乎不用浇水。

肥料 在植株根部混入缓效性肥料。花期每周一次薄施液肥。

✕ 失败原因！

霜寒侵袭 虽然具有耐寒性，但在寒冷地区仍需采取防霜冻措施。

枝茎徒长 花期结束后整株回剪至 1/3 处，花茎长出后会再度开花。

惹人怜爱的花朵宣告春的到访

雪滴花 *Galanthus*

月 份	1	2	3	4	5	6	7	8	9	10	11	12
花期												
栽种												
挖根												

石蒜科 / 秋植球根花卉 ｜ 株高：10~20cm / 花朵直径：约 1cm ｜ 别名：雪花莲、待雪草

花色：白○

原产自欧洲和高加索地区的小型球根植物，早春时节开出惹人怜爱之花。在德国传说中，这种花被赋予了雪花洁白的颜色，会在雪中盛开。有许多变种及园艺品种，不管哪种品种内侧的三枚花瓣顶端均有绿色或黄色斑纹。成规模地群植在花坛、岩石花园或是花盆中，能够给人留下深刻印象，作为早春的一首风物诗供人欣赏。

 养护要点！

栽种 栽种在像落叶树下这种从秋至春光照充足，夏季又半背阴的地方，排水良好的土质最为适宜。施用堆肥或有机肥作为基肥，9 月下旬至 10 月进行栽种，覆土深度 2~4cm。盆栽时 5 号花盆适合种 7 颗球根。

浇水 不喜干燥，注意不要缺水。

肥料 除了基肥，花后每隔一周施用三次左右的液肥即可。

病虫害防治 春季至梅雨季节提防灰霉病，由于开败的花朵上也能染上灰霉病，因此要经常摘残花，注意叶子或花朵不要沾水。

挖根 每三年一次，叶片变黄时起挖重新种植。

✕ 失败原因！

夏季过于潮湿 夏季是休眠期。减少浇水次数，干燥养护。

光照不足 是一种不畏霜雪的植物。从发芽直到开花，需置于光照充足的室外进行养护。

香气馥郁，具有分量感的花姿充满魅力

紫罗兰 *Matthiola incana*

月份	1	2	3	4	5	6	7	8	9	10	11	12
花期												
播种												
栽种												

十字花科 / 秋播一年生草本植物 | 株高：20~100cm / 花朵直径：2~3cm | 别名：草紫罗兰

花色：红● 粉● 紫● 白○

原产于南欧。芳香四溢，高生品种作为切花为人喜爱。大致可分为茎有分枝的分枝系和不分枝的无分枝系，也有适合盆栽的矮生品种。原本在春季盛开，但又增添了秋季开花的品种，包含花色在内有多种应用方式。如果选择播种方式培育，单瓣和重瓣品种可能会混合在一起，出苗后可以进行选择。

✖ 失败原因！

病虫害的发生 会出现食叶的蚜虫，但数量不多，用手即可清理干净。
霜冻侵袭 植株遭受霜冻侵袭后会枯萎，在寒冷地区需要采取防寒措施。
光照不足 喜光照。光照不足会导致发育不良，花茎变软。

🌱 养护要点！

播种 播种的适宜时期在8月下旬至9月上旬。置于通风良好的背阴处使其发芽，发芽后给予光照。重瓣品种的花朵无法采种子。
栽种 喜排水良好、疏松富含有机质的土壤，因此可在土壤中混入大量腐叶土或泥炭藓。
浇水 土壤过湿是导致烂根的原因。因此要等表层土壤干透再足量浇水。
肥料 在植株根部土壤中混入缓效性肥料。原则上无须追肥。花期每月薄施液肥1、2回，即可开花良好。
养护 高生品种会因花朵重量而压弯花茎，因此在株高增加时要加立支架给予支撑。分枝系品种真叶长出5、6枚时摘心，以促进侧枝萌发。

遍地绽放，清新的花朵一展春颜

粉蝶花 *Nemophila*

月份	1	2	3	4	5	6	7	8	9	10	11	12
花期												
播种												
栽种												

紫草科 / 秋播一年生草本植物 | 株高：15~30cm / 花朵直径：2~4cm | 别名：琉璃唐草

花色：蓝● 白○ 黑● 粉●

原产于北美西部。花瓣白底，边缘嵌有紫色斑点的斑点喜林草和黑底花瓣边缘有白色覆轮的品种都极为独特且美艳动人，但还是开出澄青色花朵的粉蝶花最受人们喜爱。可爱的花朵贴地而生，开满整棵植株，用作花坛镶边或是路边沿途成规模种植，会令人耳目一新。在花盆、种植箱或是吊篮中培育，用以打造立体的视觉效果，也是一种不错的选择。

✖ 失败原因！

通风不佳 暑热侵袭容易导致植株生病，过于繁茂时，疏剪枝叶，改善通风。
未摘残花 花朵大量绽放，要时常摘残花、枯叶，保持干净清洁。

🌱 养护要点！

播种 播种的适宜时期为9月下旬至10月。由于植株为直根性，不喜移植，所以通常直接在花坛或花盆中撒种，间苗的同时栽培养护。最终的株距以20cm左右为宜。土壤以排水良好富含有机质为佳。喜好光照充足的地方，在半背阴的地方也能生长。
栽种 栽种盆栽苗时，注意不要破坏根球。
浇水 喜干燥。表层土壤遵循不干不浇，浇则浇透原则。过量浇水，会导致叶片徒长、株形不佳。
肥料 不施肥也能生长，但若生长不佳时，可在花期每月薄施液肥1、2次。注意过量施肥可能导致植株过于繁茂。

温暖的地区，露地栽培亦可越冬

木茼蒿 *Argyranthemum*

月　份	1	2	3	4	5	6	7	8	9	10	11	12
花　期												
栽　种												
回　剪												

菊科 / 半耐寒多年生草本植物 | 株高：60~100cm / 花朵直径：2.5~5cm | 别名：木春菊、玛格丽特

花色：粉● 黄● 白○

从冬季至来年初夏，绽放清新淡雅的菊花状花朵。因不喜强寒，主要作为春季盆栽花卉供人观赏。但是在日本关东以西地区，若是不遭受霜寒侵袭，地栽亦可越冬。枝茎木质化会变成半灌木状。植株强健，开花良好，与任何花草搭配都能够和谐融洽，因此作为混栽花材深受欢迎。不仅是花色，花形和大小也各有不同，品种繁多。

✖ 失败原因！

夏季暑气侵袭 不喜高温潮湿的环境。夏季控制浇水，干燥养护。
未换盆 盆栽容易窝根，每年分株一次或是重新种植在大一号的花盆中。

🌱 养护要点！

栽种 早春时节，盆栽苗和盆花上市。种于花坛及花盆的适宜时期在3月末。选择光照充足通风良好的场所，在排水通畅的土壤中种植，则植株可以旺盛生长，开花也会很好。
浇水 表层土壤干燥时足量浇水，注意避免土壤过湿。
肥料 每月追肥一次，花朵就能够接连绽放，可持续观赏到6月左右。
病虫害防治 易生蚜虫，注意防治。花蕾萎缩后便不会开花。
回剪 花期结束后将植株回剪，可以保有茂盛优雅的株形。盆栽放置在半背阴场所越夏。

明艳的黄色花朵在冬季持续绽放

黄金菊 *Euryops pectinatus*

月　份	1	2	3	4	5	6	7	8	9	10	11	12
花　期												
栽　种												
回　剪												

菊科 / 半耐寒多年生草本植物 | 株高：60~100cm / 花朵直径：4~5cm

花色：明黄色●

在众芳凋零的冬季，明黄色的单瓣花朵脱颖而出，引人注目。尽管原产于南非，但耐寒性强。日本关东以西地区如果不曝露在霜冻环境下，也可以地栽。在室外也能花开不断。叶缘深裂，呈灰绿色，与花朵形成鲜明对比。主要用作冬春季节的花器混栽及强调色装饰。另外在温暖地区，花费时间精心养护也可将其设计成为低矮的篱墙。

✖ 失败原因！

夏季淋雨 不耐高温潮湿的环境，盆栽从梅雨期到夏季置于雨水侵袭不到的地方养护。
光照不足 施予充足光照。光照不足会导致株形散乱，花色不佳。

🌱 养护要点！

栽种 喜排水良好、肥沃、富含腐殖质的土壤。光照充足，避开北风侵袭的场所最为适宜。寒冷地区需要盆栽，置于室内光照良好的地方进行养护。
浇水 浇水要略加控制。表层土壤干燥时予以浇水。特别是寒冬时节，营养土要干燥养护。
肥料 每月一次，使用氮元素含量较低的肥料用作盆面放置型肥料。
回剪 疏于管理会导致株形不佳，花后回剪整形。
换盆 生长旺盛，因此盆栽需要每年换盆一次，重新种植到大一号的花盆中。适合换盆的时期在5月下旬至6月上旬。
病虫害防治 易生蚜虫，注意防治除虫。花蕾萎缩后便不会开花。

Spring

酣春花卉

穗状群开的钟形花

风铃草（高生品种）*Campanula*

桔梗科 / 春播一年生、二年生草本植物，耐寒性多年生草本植物 | 株高：50~200cm / 花朵直径：2~4cm

花色：白○ 粉● 紫●

月 份	1	2	3	4	5	6	7	8	9	10	11	12
花 期												
播 种												
栽 种												

风铃草"五月蓝（May Blue）"，开花性好，花期长的淡蓝紫色品种。花期在4—6月。

风铃草属是一个在北半球广泛分布，有300种以上品种的大属。日本自生的紫斑风铃草及千岛桔梗也属其中一种，但通常称作风铃草并用于栽培的是欧洲原产种类的改良园艺品种。从株高超过150cm的高生品种到10cm高的矮生品种，种类众多。广泛用于花坛布置及盆植、吊篮观赏。

高生品种的代表是风铃草（*Campanula medium*），株高约1m，绽放美丽的蓝紫色、粉色、白色吊钟形花朵。常见的栽培品种还有桃叶风铃草（*Campanula persicifolia*）和北疆风铃草（*Campanula glomerata*），前者株高为50~100cm，盛开形似桔梗花的淡蓝紫色花朵或大吊钟形白色花朵；后者株高为40~80cm，在花茎顶端及叶腋处成簇绽放与龙胆花相似的深紫色花朵。株高1米左右的裂檐花状风铃草（*Campanula rapunculoides*）、1.2~2m的风铃草（*Campanula pyramidalis*），以及白花风铃草（*Campanula lactiflora*）等品种也颇为常见。

✕ 失败原因！

夏季过于潮湿 风铃草不喜炎热潮湿。夏季尽量改善通风，以免暑气侵袭。

肥料过剩 在夏季炎热潮湿的环境下，肥料过剩时植株容易烂根，需控肥，在长势良好的生长期不时施用液肥即可。

种植在酸性土壤中 风铃草不喜酸性土壤。在种植场所加入足量苦土石灰进行中和。

🌱 养护要点！

生长周期 最为常见的栽培品种风铃草（*Campanula medium*）为二年生草本植物，播种当年不开花，次年长大的花苗会开花。花后结种，植株枯萎。其他种类为多年生草本植物，花后植株不会枯萎，一旦种下，数年无须打理即可赏花。

播种 可直接播种于花坛或花器中，也可以在花盆及塑料营养盆中播种育苗，等到生根后再定植。播种的适宜时期是 4—6 月，等到花盆中的种子长出 2、3 枚真叶时，移植到塑料营养盆中育苗。

栽苗 将由种子长出的花苗于 10 月上旬，真叶长出 5、6 枚时定植于花坛或花器中。在花坛营养土中掺入石灰中和土壤酸度，施用缓效性有机肥作为基肥。盆栽时可以在土壤中混入 3~4 成轻石或鹿沼土，促进排水。栽种市售花苗时，建议选购春季开花苗种植，不易失败。

养护场所 于向阳处养护。虽然市售植株耐暑性比较强，但风铃草一般喜好冷凉干燥的气候。对于多年生植物，使其凉爽地度过夏天尤为关键。桃叶风铃草及风铃草（*Campanula Pyramidalis*）品种在日本关东以西的温暖地区难以度过夏天。耐寒性强，冬季也无须防寒措施。长到足够大的植株经受严寒考验后可以生出花芽。

浇水 盆栽时，表层土壤干燥时再浇水。地栽植株如果环境不是极度干燥则无须浇水。

肥料 种植时施用基肥，从春季直到夏季过去，每月施用 1、2 次液肥，植株将会长大。

其他作业 春季茎开始生长时加立支架，支撑植株生长。盆栽的多年生品种，秋季分株移植。

北疆风铃草紫色的花朵绽放枝头。常被用作切花花材。花期在 5—7 月。

月季、风铃草、翠雀竞相绽放的初夏花坛。

桃叶风铃草盛开美丽的粉红色花朵。株高50~100cm，形似桔梗花的花朵大量绽放。花期在5—7月。

耐暑性强，易生长的裂檐花状风铃草，也被用作切花。花期在6—8月。

桃叶风铃草的白花品种。

播种育苗

选购花苗种植比较轻松，但如果没有买到心仪的品种，也可以选择播种培育。

1 在小型花盆中加入细沙，撒播种子。轻薄覆土，避免干燥予以养护。

2 一周后发芽。真叶长出5、6枚时移植。

3 连带营养土一同从花盆中拔出，注意不要弄伤根系，种植在塑料营养盆中。

4 将种于塑料营养盆中的花苗放置在背阴处，2~3日后再移置光照处养护（夏天要稍微遮光）。一周一次，薄施液肥。

5 等到花苗长大，移植到大一号的塑料营养盆中，此时注意不要破坏根球。

6 等到秋季叶片长大展开时，定植到花盆、花器或花坛中。

7 风铃草（*Campanula medium*）为二年生草本植物。4—5月播种，次年春天开花。

适用于吊篮及岩石花园的装饰花卉

风铃草（矮生品种）*Campanula*

月 份	1	2	3	4	5	6	7	8	9	10	11	12
花 期												
播 种												
栽 种												

桔梗科 / 春播一年生、二年生草本植物，耐寒性多年生草本植物 ┃ 株高：10~25cm / 花朵直径：1~3cm

花色：白○ 粉● 蓝紫●

多数矮生品种株高为10~25cm，花朵大量盛开，除了用作花器混栽，或盆栽、吊篮，顽强的品种也能用作地被植物。

代表性品种风铃草（*Campanula portenschlagiana*），是一种多年生草本植物，原产于前南斯拉夫北部，惹人怜爱的蓝紫色小花大量盛放，最适宜装点小花盆或岩石花园。因其花形又得名钟花。

近年流行的脆叶风铃花（*Campanula fragilis*）是一种原产于意大利南部的多年生草本植物，茎多分枝，长度约40cm，蓝色的花朵繁茂盛开，吊盆种植也是一个不错的选择。

著名的"高山蓝（Alpen Blue）"是原产于欧洲的风铃草（*Campanula posharskyana*）园艺品种，蓝紫色小花开满枝头，用作吊篮或花坛镶边，分外美丽。

风铃草（*Campanula portenschlagiana*），小巧玲珑的花朵，繁茂盛开。又名钟花。

✖ 失败原因！

忘记摘残花 小巧的花朵接连绽放，记得时常摘掉枯叶残花。

夏季暑气侵袭 风铃草不喜炎热潮湿。夏季尽量通风，盆栽植株移至半背阴处养护。

✿ 养护要点！

放置场所 适合选购4—5月时市售盆栽开花植株进行观赏。置于光照条件良好的场所。注意避免长时间雨水侵袭，花败后移至凉爽的半背阴处过夏天。大多数种类耐寒性强，但脆叶风铃草抗寒性较弱，冬季需要采取防寒措施。

播种 可以播种培育。播种的适宜时期是4月至6月上旬，种子细小，因此覆土要薄，盆底给水。夏季遮光使之凉爽度夏，等到真叶长出2、3枚时种植到塑料营养盆中育苗。

栽种 10月上旬，当真叶长出5、6枚时定植。盆栽时在赤玉土中大量加入腐叶土，再配合使用排水性好，富含有机肥的土壤。脆叶风铃草在6月之前播种，秋季上盆，次年初夏就能够种成一个漂亮的吊篮。

越夏及分株 9—10月分株移植。

种植在月季根部的风铃草"高山蓝"（*Campanula posharskyana* 'Alpen Blue'），也可用作地被植物。

绚丽多彩的春季花卉

郁金香 *Tulipa*

百合科 / 秋植球根花卉 | 株高：10~70cm / 花朵直径：3~10cm

花色：红● 粉● 黄● 白● 橙● 紫●

月　份	1	2	3	4	5	6	7	8	9	10	11	12
花　期			■	■	■							
栽　种										■	■	■
挖　根						■	■					

春季花坛中绽放的重瓣郁金香“安吉丽（Angelique）”，相邻的是黑色郁金香“夜皇后（Queen of Night）”，小型花朵为董菜、白晶菊、银莲花及勿忘草。

春季开花的代表性球根花卉，除了作为装点春季花坛或花器的装饰花卉，用作切花花材也非常流行。秋季种下购入的球根，春季便可绽放美丽的花朵。由于它是一种欣赏整体美感的花卉，因此每个品种至少一次性种植 20~30 颗球根为宜。

市面上有许多品种，花色纷繁，花形多变，可以选择自己的心仪品种。但花期因品种不同略有差异，几个品种混栽的情况下，若能统一花期就能够欣赏到迷人的风景。

郁金香的原产地在中亚至西亚地区，据悉有近 15 种野生种。最早在土耳其作为园艺植物栽培，于 16 世纪引入欧洲，加之品种一路得到改良，最终成就了今日的华丽园艺品种群（花园郁金香）。最近有各种被称为原种郁金香的野生种及优选野生种出售，它们被广泛用于花坛及花器种植。

穗边型郁金香“红翼（Red Wing）”，花瓣边缘具须毛状镶边。

“金牛津（Golden Oxford）”，以饱满的花形大受欢迎。

红底白边的覆轮郁金香“占星师（Stargazer）”。

✖ 失败原因！

球根个头小 选择饱满结实的球根种植，可以大大降低栽培失败率，即要选择个头大且饱满的球根。

疏于浇水 冬季根系也有生长活动。盆栽或花器种植时，在出芽前不要忘记浇水。

养护要点！

参考花期选择球根 9—10 月种植球根。选择球根时，不光要考虑花色花形，还需注意花期。最近市面上也有将同时期开花的品种以套盒形式出售的。

密植 种植在光照充足的场所。土壤要预先仔细翻耕。植株以密植为宜，花期时可以呈现华丽的景观。种植深度以球根高度的三倍为宜，盆栽或花器种植时，也可以浅植。

经受严寒 植株只有经受严寒才能开花，盆栽或花器种植时也要在冬季置于室外接受严寒洗礼。注意防止冬季土壤干燥。开花后，若将植株置于温度较高的场所，花朵会早开早败。盆栽植株最好置于室外凉爽处观赏。

每年重新购置球根 郁金香很容易感染花叶病，因此同一株植株很难连年开花。如果精心培育可以结出新的球根，次年亦可开花，但较为费时费力，并且对场地也有所要求，特别是在日本关东以西的温暖地区，建议每年购入新的球根重新种植。此种情况下，当花期结束，挖出球根将其处理。

次年开花 若想来年再开花，需要在种植时施用磷元素和钾元素为主的缓效性肥料作为基肥，种植深度在 10cm 左右。球根间隔取 5~10cm 为宜。从叶片长出到变黄为止，每周施用一次液肥。叶片开始枯萎时停止浇水，等到所有叶子变黄后挖出球根，使其干燥，一直保管至秋季。盆栽或花器种植时使用花草用营养土即可。

飘窗下的花坛中绽放的郁金香。

早花型
3 月下旬至 4 月上旬开花。植株低矮，适用于花坛种植和盆栽。有单瓣早花型和重瓣早花型。

中花型
4 月上中旬开花。有适用于布置花坛的孟德尔（Mendel）型，花色丰富、株高较高的胜利（Triumph）型，开出硕大花朵的达尔文杂交（Darwin hybrid）型等。

晚花型
4 月下旬至 5 月上旬开花。有花形大且端正的达尔文型，花瓣带有条纹的林布兰（Rembrandt）型，花瓣顶端渐尖的百合花（Lily-flowered）型，及花瓣边缘深裂的鹦鹉（Parrot）型等众多类型。

重瓣晚花型
植株高大，花形似牡丹。

三色堇（大花品种）与郁金香组成的春季经典花坛。

郁金香球根

秋季购入球根。建议网购。春季想用于混栽时，可以用塑料营养盆中长出的发芽球根。

尽量选取没有伤痕，个头大的球根。

早春上市的发芽球根。

红白黄三色郁金香，简单色彩的完美组合。

单支花茎上盛开数朵花的多头郁金香"红色乔其纱（Red Georgette）"。

株高 10cm 左右的原始种郁金香"塔达（Talda）"，白色花朵为葡萄风信子。

原始种小型的多花郁金香"图伯根斯"（*Tulipa praestans* 'Tubergens'）。

大型花器中的郁金香混栽。黄色花朵为旱金莲，细长的叶子为麻兰。

郁金香与三色堇（大花品种）、酢浆草、蔓长春花等组成的容器花园。

球根种植 ❶
花坛种植

一次性种植一定量的球根，开花时颇为壮观。花期因品种差异而略有不同，因此尽量栽种同一品种的不同色系，这样能够统一花期，同时盛放美丽的花朵。

1 在种植场所薄施堆肥或基肥，然后仔细翻耕。

2 挖一个 20cm 深的种植穴，将球根并列排放。

3 覆球根大小的 3 倍左右的土。插上贴有标签的木棍做记号。

球根种植 ❷
花器种植

在花器中培育时，首先要了解一点，球根无法变肥硕并且无法在来年开花，因此种植球根时只需考虑今年开花之事。可以浅植。

1 在花盆或花器中倒入一半营养土，然后将球根并排摆放。调节球根深度，使球根的顶端距花盆边缘3cm 左右。

2 加入营养土直至看不见球根，种植完成。浇水后移至室外养护。

点缀春天的华丽花卉

鸢尾 *Iris*

月　份	1	2	3	4	5	6	7	8	9	10	11	12
花　期					■	■						
栽　种									■	■	■	
移　植									■	■	■	

鸢尾科 / 耐寒性多年生草本植物，秋植球根花卉 ｜ 株高：60~90cm / 花朵直径：5~20cm

花色：红● 粉● 橙● 黄● 紫●

　　鸢尾与玉蝉花、溪荪同属，以温带地区为中心，分布有近 150 种。拥有众多园艺品种，本书将对易于生长的德国鸢尾、荷兰鸢尾（球根鸢尾）和日本溪荪类进行说明。鸢尾的花期在 5—6 月，市面上有球根、盆栽苗、盆花。

适应干燥场所的德国鸢尾。

✖ 失败原因！

湿地种植　虽然给人以湿地花卉的印象，但除了玉蝉花与燕子花之外，多数种类不喜湿地。应种植在排水良好的场所。

酸性土壤种植　鸢尾不喜酸性土壤。种植前撒入苦土石灰中和土壤酸度。

德国鸢尾

　　德国鸢尾是通过原产自欧洲的香根鸢尾（*Iris pallida*）、黄褐鸢尾（*Iris variegata*）等杂交而成的园艺品种。在整个鸢尾家族中花色最为丰富，分枝的花茎上花朵接连绽放，呈喇叭状下垂的大花瓣充满华贵气息，成规模地群植在光照充足的花坛中，将会以迷人的景象示人。也可以种植在大号花盆（8~10 号）中置于阳台观赏。除了进口品种外，近来也出现了大量日本国产品种。

♈ 养护要点！

　　种植在光照充足，排水良好的场所。不喜酸性土壤，提前撒入苦土石灰，中和土壤酸度，这点很重要。不喜潮湿，可以培土至 20~30 cm 高，浅植，稍微露出根茎的上部即可。

　　肥料要施用以磷元素和钾元素为主的缓效性肥料作为基肥，从春季直到开花，每月施用 1、2 次液肥，禁止多施肥。平均每三年一次，挖出植株重新种植。

　　防止软腐病的关键是不要让杂草丛生，以及在茂密生长之前分株。

德国鸢尾。特征是花色丰富。

荷兰鸢尾

荷兰改良的鸢尾，因在地下生有球茎，所以也被称为球根鸢尾。花朵与溪荪和燕子花相似，花色也十分丰富，非常引人注目，但与华丽的德国鸢尾相比稍逊一筹。

🌱 养护要点！

10—11 月将球根种植在光照充足排水良好的地方。植株强健，只要光照条件良好即可，对土质无特殊需求，但要避开潮湿的场所。球根种植深度在 3~5cm，若是盆栽，深度为 1~2cm。养护原则参照德国鸢尾。

荷兰鸢尾。

溪荪

溪荪是在日本的山野和草原间自然生长的多年生草本植物，初夏开出紫色大花，以端庄花姿示人。不像玉蝉花一样喜欢湿地，因此只要光照充足，地栽盆栽皆能观赏花开。它也是作为切花，茶道用花的上好材料。

🌱 养护要点！

耐干燥，光照充足、排水良好的地方最适合其生长。每隔几年挖出开完花的植株，为减少养分消耗，掐去约一半的叶尖，分成 2~3 株重新种植。每月一次，少量施用缓效性肥料，持续 2—3 个月。

干燥场所中生长的溪荪。

蝴蝶花

古时由中国传入日本的常绿多年生草本植物，在公园、庭院以半野生状态群生。每朵花的花期非常短，美丽的淡紫色花朵盛开一日便会枯萎，但植株可以接连开花。细长的叶片具有光泽，即使冬季也不会枯萎，不开花时，叶片也极为美丽，可以用作装饰庭院或篱笆。

🌱 养护要点！

植株强健，几乎可以在任何地方生长，在背阴处也能很好地生长。生长旺盛，根茎横生并逐渐壮大。不结种子。

强健，不拘泥种植场所的蝴蝶花。

玉蝉花

玉蝉花是由日本野外自然生长的野玉蝉花改良得来的园艺品种，自江户时代发展而来，诞生出许多品系，如多花的江户系玉蝉花，每朵花都华丽雍容，还有适宜盆栽观赏的肥后系玉蝉花，以及花被优雅下垂的伊势系玉蝉花等。近来，通过与近缘种黄菖蒲杂交，也出现了黄色品系种。

🌱 养护要点！

虽然它原本是一种湿地植物，但也能在普通的花园庭院、田地及盆栽中茁壮生长。种植场所应有充足的光照，在夏季高温干燥时期，建议将花盆浸在浅水中，盆底给水来养护。

最佳的种植时间为花期刚过时。传统的方法是在 8 号盆里种 2 棵，但也可以用 7 号盆种 2 棵，或者用 5 号盆种 1 棵。如果是盆栽，每年一定要将开过花的花茎旁侧生出的新芽进行分株，补种。虫害方面要小心吃花蕾的虫。

在湿地群生的玉蝉花。

花色丰富的人气球根花卉

银莲花 *Anemone*

月 份	1	2	3	4	5	6	7	8	9	10	11	12
花 期												
栽 种												
挖 根												

毛茛科 / 秋植球根花卉 ┃ 株高：10~45cm / 花朵直径：2~8cm ┃ 别名：罂粟牡丹

花色：红● 粉● 紫● 蓝● 白○

拥有多彩缤纷的花色，颇受欢迎的欧洲银莲花园艺品种。

　　银莲花属是一种生长在全球温带到寒带地区的植物，约有 150 种，包括在日本出现的银莲花（*Anemone nikoensis*）、银莲花（*Anemone pseudoaltaica*）、鹅掌草、水仙银莲花等，但通常我们所说的银莲花是指由具有球根特性的欧洲银莲花改良而成的几种园艺品种，并且这种欧洲银莲花还拥有一个"牡丹一华"的日本名字。除了有单瓣品种外，也有重瓣品种，花色明艳多彩，可以为

春季花坛或花器混栽增添勃勃生机，作为切花也广受喜爱。通常秋季购买球根进行种植，但春季选购上市的盆栽苗及盆栽植株种植养护更为轻松。

　　原产于地中海沿岸东部地区的希腊银莲花（*Anemone blanda*）开有以蓝色为基调的惹人怜爱的花朵，散发迷人的山间野趣。同样惹人怜爱的孔雀银莲花（*Anemone hortensis*），缺点是属性稍弱。两者均为多年生草本植物，没有像欧洲银莲花那样的球根。

✖ 失败原因！

快速吸水 如果给球根浇水使之快速吸水可能会导致球根腐烂。应在种植前使其缓慢吸收水分。

球茎上下颠倒 球根尖的一头是底部，不要弄错。

养护要点！

球根种植 欧洲银莲花的球根呈三角锥状。发芽的部分是较平的一面，生根的部分是略尖的一头，因此种植时注意不要上下颠倒。

球根极度干燥，如果快速吸水，大概率会腐烂，因此可以浅埋在略湿的蛭石或水苔中，置于冰箱等温度达到5~8℃的环境中，使其缓慢吸收水分。约一周后将吸水后膨胀的球根种植在光照充足的花坛或花盆中。种植前若是能够消毒会更好。

采用普通的花草用营养土，种植深度约为6cm。

放置场所 不接受光照无法开花，置于光照充足的场所养护。

肥料 银莲花在花期中会不断结出蓓蕾，接连开花，因此持续的肥料供给很有必要。种植时施用缓效性肥料或有机肥料作为基肥，此外在花期中，每2~3周施用一次液肥。花期结束后施用同样的液肥作为礼肥。

挖球根 一进入6月叶片就会开始变黄，此时挖出球根。盆栽植株连盆干燥，保管在雨水侵袭不到的地方，待到秋季再挖出球根也无妨。

将挖出的球根用水清洗，清理附着在上面的土壤，剪掉抽长的茎，放置在阴凉处干燥，然后保存在阴凉处直至10月再栽种。

此外希腊银莲花、孔雀银莲花等宿根性种类可以数年不用特殊照料养护。

绽放蓝色花朵的希腊银莲花，楚楚动人。

种植在花坛中的各色银莲花。

要点！

球根极其干燥，因此要使其缓慢吸收水分后再种植。

1 干燥状态下的银莲花球根尖的一头是底部。

2 将水苔等介质弄湿，然后攥干，将球根放置其中缓慢吸收水分。

3 吸水后膨胀的银莲花球根（左边3个）。保持原状一段时间后会生根发芽，然后再行种植即可（右边3个）。

花姿迷人，与菊花同属

骨子菊 *Osteospermum*

月　份	1	2	3	4	5	6	7	8	9	10	11	12
花　期												
栽　种												
扦　插												

菊科 / 半耐寒性多年生草本植物 | 株高：30~40cm / 花朵直径：4~5cm

花色：粉● 白○ 紫● 黄● 橙●

黄色骨子菊"阿曼达（Amanda）"。

原产于南非，初夏时节色彩明艳的大型花朵美丽盛放，容易使人联想到多肉植物开出的花朵。有许多花色鲜艳的品种，市面上有盆栽苗及盆花。株形紧凑，除了用于盆栽及花器混栽，也可用于装饰花坛，但是也有许多植株使用了矮化剂，在第二年以后可能会出乎意料地长高变大。

与近缘种异果菊极为相似，难以区别，但花朵比其略大。通常异果菊的一年生品种较多，骨子菊的多年生品种似乎较多。

✖ 失败原因！

过于潮湿　骨子菊不耐炎热潮湿，夏季置于通风良好的半背阴处，干燥养护。

强寒侵袭　骨子菊在寒冷地区的室外难以越冬。挖出来移植到花盆中，置于室内过冬。

养护要点！

栽苗 选择光照条件良好的场所种植花苗。不耐炎热潮湿，避开西照日头，排水不畅的场所需要培土种植。植于花盆或花器中时，选择花草用营养土等排水良好的土壤。

浇水 盆栽，表层土壤干燥时足量浇水。骨子菊原产于南非干旱地带，较耐干燥，不喜过于潮湿。注意不要过量浇水。

肥料 花期中每 10 日施用一次液肥，以免缺肥。秋季也要同样施用液肥，植株能够变得强壮有力。

摘残花 自花茎下方剪去残花。时常摘残花，可以接连开花。

回剪 梅雨季来临之前花期结束。一旦花朵全部开败，将整棵植株回剪至整株高度的 1/3，改善通风。

越冬 具有半耐寒性，如果小心防霜防冻，可以承受 −5℃的低温。在温暖地区若采用地面覆盖或用防潮垫遮挡等防寒措施，也可在室外越冬。盆栽植株最好移至阳台或光照条件良好的室内养护。

独特的呈汤匙状（风车状）盛开的南非万寿菊。

骨子菊"维恩托薰衣草（Viento Lavender）"。

骨子菊"风唇（Viento Labios）"。

岩石花园中盛开的黄色骨子菊。建议种植在排水良好的场所。

近缘种异果菊。虽然与骨子菊极为相似，但与其多年生的属性相对，异果菊为一年生草本植物。

明艳亮丽的花色十分引人注目

羽扇豆 *Lupinus*

豆科 / 一年生、二年生草本植物，耐寒性多年生草本植物 ｜ 株高：60~120cm / 花朵直径：1~2cm ｜ 别名：升藤

花色：蓝● 紫● 黄● 粉● 橙● 白○

月份	1	2	3	4	5	6	7	8	9	10	11	12
花期												
播种												
栽种												

开黄花的黄羽扇豆，南欧原产的一年生草本植物，株高近 60cm。

羽扇豆是一种豆科多年生草本植物，同时也被视为一年生、二年生草本植物。以北美为中心，连同南美及地中海沿岸地区约分布近 200 种羽扇豆。虽然有能在寒冷地区越夏被视为多年生草本植物的种类，但大多数品种不耐暑热，在日本被视为一年生、二年生草本植物。

种类繁多，被用作园艺植物栽培的有北美原产的多叶羽扇豆的改良杂交品种。它是一种株高至少 60cm，甚至可达 1m 以上的大型品种，花色非常丰富，多彩的花朵大量盛开。具有宿根性，抗寒能力强，但是夏季炎热时易烂根，除在冷凉地区以外常被视作一年生草本植物。花期在 4—6 月，无论是作为花坛的主角还是配角，美丽的身姿总会脱颖而出。

黄羽扇豆原产于南欧，15~25cm 长的花穗上成群结出黄色花朵。同为南欧原产的蓝羽扇豆（*Lupinus hirsutus*）则开出紫色或蓝色花朵。两种品种均为秋播植株 4—5 月开花，春播植株 5—6 月开花。

无论哪一品种，若是购买早春时节市售盆栽苗或盆花，养护起来都会比较轻松。但是群植效果更为壮观，且从播种开始培育更加经济。羽扇豆可以很容易地从种子长大开花，可以尝试去挑战一次。

即使在小巧的庭院或花器中也易于生长的"罗素尖塔（Russell Minaret）"，由多叶羽扇豆改良杂交品种改良而成的矮生品种，株高为 40~50cm。

养护要点！

在向阳处培育 在光照充足，排水良好的地方易于生长。

播种 适合直接播种在塑料营养盆中育苗。适宜播种时期是 9—10 月，但多叶羽扇豆改良杂品种在 6—8 月播种。豆科植物因种子较大，种皮坚硬，需要浸泡一晚再播种。具直根性，不喜移植。虽然在小苗期间可以移植，但尽可能直接种植在花坛、花盆或花器中。每隔 30~50cm 播种 2、3 粒。耐寒性强，无须防寒措施。

栽苗 可以在塑料营养盆中播种育苗。发芽后隔株间苗，春季将植株从塑料营养盆中拔出轻轻种植。具直根性，不喜移植，不要破坏根球，小心作业。在种植市售盆栽苗时也要同样注意，勿要损伤根系。不喜酸性土壤，在种植的场所撒些苦土石灰中和土壤酸度。

肥料 可以只施用缓效性肥料作为基肥，待到生长迟缓时，观察植株状态施用液肥。但是需注意氮元素不宜过多。

南欧原产的蓝羽扇豆。花色有紫色、蓝色等，其特征是花瓣尖端呈白色，引人注目。株高 60~80cm。

植株较大且花色丰富的多叶羽扇豆改良杂交品种。

失败原因！

种植时伤到根系 羽扇豆具直根性，不喜移植。种植盆栽苗时也需小心作业。

土壤呈酸性 羽扇豆不喜酸性土壤，种植前撒入苦土石灰中和土壤酸度。

流畅的株形与蓝色的花朵，广受好评

百子莲 *Agapanthus*

月　份	1	2	3	4	5	6	7	8	9	10	11	12
花　期				■	■	■	■					
栽　种			■	■	■				■	■	■	
移　植									■	■		

石蒜科 / 耐寒性、半耐寒性多年生草本植物 ｜ 株高：30~100cm / 花朵直径：2.5~8cm ｜ 别名：紫君子兰

花色：蓝● 白○ 紫●

原产于南非。原始种近 20 种，园艺品种超过 300 种。常见的有常绿大型的百子莲（*Agapanthus africanus*）及其杂交品种，近来市面上也开始出售小型半常绿型或是冬季叶片会枯萎的铃花百子莲及其杂交品种。百子莲多被视作球根植物，但植株耐干燥性不强，现实生活中常被视作多年生草本植物。花期在 4—7 月，售有盆栽苗及盆花。

✕ 失败原因！

强寒侵袭 百子莲在温暖地区可安然无恙；在寒冷地区，由于受到严寒侵袭植株可能会枯萎。采取一些防霜冻措施会比较令人安心。

忘记换盆 根部粗壮，盆栽时若不换盆会窝根。尽量每年换盆。

🌱 养护要点！

栽种 栽种的适宜时期是春秋两季，但其实除了冬季以外，任何时间都可以栽种。在光照充足的场所或光线明亮的背阴处皆可生长，但需要避开排水不畅的地方。

浇水 根部粗壮耐干燥，因此地栽时无须特意浇水。盆栽时土壤干透后再予以浇水。

肥料 喜肥。种植时施用足量基肥。此外，在植株开始生长的春季，将缓效性肥料零散撒在植株底部。盆栽时在新叶生长期间每 10 天施用一次液肥。

冬季养护 较为耐寒，只需采用一些防霜措施即可。

移植 地栽时无须特意移植，但若植株变得拥挤则需要挖出来分株。盆栽时尽量每年从盆中拔出植株分株移植。

背阴花园中也能欣赏到的身影

筋骨草 *Ajuga*

月　份	1	2	3	4	5	6	7	8	9	10	11	12
花　期				■	■	■						
栽　种			■	■	■				■	■	■	
移　植			■						■	■		

唇形科 / 耐寒性多年生草本植物 ｜ 株高：约 20cm / 花朵直径：0.5~1.5cm ｜ 别名：西洋金疮小草

花色：蓝紫● 粉● 白○

与日本野生紫背金盘和金疮小草同属，除了盛开美丽的紫色花朵的葡匐筋骨草之外还有许多花色不同、叶色各异的园艺品种。筋骨草耐暑热严寒，通过葡匐茎繁殖，冬季叶片依然不会枯萎，呈放射状覆盖地表，因而在欧洲被用于地被植物。若是沿途成规模群植，别有生机。具有耐阴性也可用于装点背阴花园。

✕ 失败原因！

排水不畅 排水不畅容易导致植株患立枯病，预先在土壤中混入沙石改善排水。

疏于浇水 筋骨草不耐干燥，因此要注意夏季缺水情况，为防暑气可疏剪根部叶片。

🌱 养护要点！

栽种 春季到秋季售有盆栽苗。生命力顽强，在向阳处或是半背阴处皆可生长，但避免长时间曝露在直射阳光下。排水和保水能力好的沙质土壤最适宜。若是以 20~30cm 的株间距栽种在建筑物的阴影下或是树荫下，1 年后可以长成壮观的地被植物。

浇水 不喜干燥，表层土壤干燥时足量浇水，浇透。注意避免缺水。

肥料 过量施肥会导致叶片繁茂开花不佳，应控肥。

移植 适宜时期是 3 月及 9~10 月。

分株 剪掉葡匐茎生出的子株，用于栽种。

星形的花朵给人留以清爽印象

长星花 *Isotoma*

月 份	1	2	3	4	5	6	7	8	9	10	11	12
花 期					■	■	■	■	■	■		
播 种			■	■								
栽 种				■	■	■						

桔梗科 / 半耐寒性一年生草本植物 | 株高：约 30cm / 花朵直径：约 4cm

花色：蓝● 白○ 粉● 紫●

　　小巧的星形花朵接连绽放，仿佛要覆盖整棵植株。原本作为多年生草本植物，但因不耐强寒，在日本被视为一年生草本植物。置于室内可以越冬，但次年起开花不佳，因此最好每年更新种子。植株横向生长，用于吊篮种植或花器镶边，可以欣赏花叶满溢而出的景象。

✕ 失败原因！

雨水侵袭 长星花不耐暑气，盆栽时，要在梅雨时节将植株移至雨水侵袭不到的场所。
株形散乱 花朵大量盛开，株形变得散乱时，将植株回剪至一半左右。株形变得丰满茂盛，三周后再次开花。

🌱 养护要点！

栽种 春季至初夏，售有盆栽苗及盆花。使植株在春秋两季接受充足光照，盛夏避开阳光直射，置于通风良好的地方养护。种植在排水良好的土壤中，注意不要损伤根系。
播种 适宜时期是 3 月下旬至 4 月。播种在塑料营养盆中，轻薄覆土，等到植株长到一定大小后种植到花坛或花盆中。
浇水 喜略微干燥的环境，注意不要过量浇水。受潮叶片容易腐烂，也容易烂根。
肥料 施用缓效性肥料作为基肥。在植株生长旺盛的初夏及秋季每月施用 1、2 次液肥。
摘残花 在花茎根部剪掉残花。若不及时打理，有碍观瞻，还会导致开花不佳，植株衰弱。
移植 盆栽时，当根系从盆底排水口"爬出"，重新种植到大一号的花盆中。

母亲节的礼物，风靡全球

康乃馨 *Dianthus caryophyllus*

月 份	1	2	3	4	5	6	7	8	9	10	11	12
花 期				■	■	■			■	■		
播 种									■	■		
栽 种			■	■						■	■	

石竹科 / 半耐寒性多年生草本植物 | 株高：15~120cm / 花朵直径：3~10cm | 别名：荷兰石竹、香石竹

花色：红● 粉● 黄● 白○ 橙●

　　康乃馨作为母亲节的礼物花卉广为人知，是由欧洲培育的园艺植物，据悉在十七世纪已有 300 种以上的品种。用作切花的需求较多，即便在日本提到康乃馨也是专指切花。近年来出现了适用于花坛及盆栽的被称为镶边康乃馨的矮生品种，颇具人气。康乃馨原本为多年生草本植物，但多被视作一年生草本植物。

✕ 失败原因！

光照不足 花蕾无法开花的原因就是光照不足。
忘记摘残花 康乃馨具四季开花性，花朵可以接连绽放。开败的残花如果放置不理，会导致植株害病。

🌱 养护要点！

充足光照 喜好充足光照及冷凉气候。母亲节赠送的盆栽花卉等也需要置于光照条件良好的地方养护。盛夏无须遮光。不喜炎热潮湿，在通风良好的地方养护。
摘残花 多数品种具有四季开花性，可接连开花。花朵枯萎后不要忘记摘残花。
梅雨季节前回剪 不喜暑热，梅雨季节前将整棵植株回剪 1/2 左右，改善通风。初秋时节，再次回剪，秋季即可欣赏美丽花朵。
浇水 不喜潮湿，盆土湿润时控制浇水。
肥料 喜好混合肥，可将缓效性肥料置于盆土表面，或者偶尔施用液肥。叶片颜色变黄或者开花不佳即为缺肥征兆。

种类繁多，完美绽放

大丁草 *Gerbera*

月 份	1	2	3	4	5	6	7	8	9	10	11	12
花 期												
栽 种												
移 植												

菊科 / 半耐寒性多年生草本植物 | 株高：15~80cm / 花朵直径：5~15cm | 别名：扶郎花、非洲菊

花色： 红● 粉● 橙● 黄● 白○

花形完美，一枝一朵，绽放枝头。有单瓣、重瓣、半重瓣花形，花朵直径 5~15cm，种类丰富。特别是日本培育的矮生品种盆栽大丁草，易生长、开花佳，最适宜作为春季混栽花卉。原产于南非，喜干燥和阳光直射，不喜潮湿的夏季，如果能够顺利度过夏天，从秋末开始一直到接近年末，可以接连开花。

✕ 失败原因！

叶片徒长 夏季叶片繁茂会导致开花不佳，疏剪掉旧叶，使阳光能够照射进去。

基肥过量 营养土中掺入未腐熟的堆肥，容易烂根。

🌱 养护要点！

栽种 通常选择春季到初夏上市的盆栽苗或开花株进行栽种。选择小一点的花盆，在营养土中混入川砂或鹿沼土，避免土壤潮湿。

肥料 在 5 号盆中掺入 10g 左右缓效性肥料作为基肥，花期时每 10 天追施一次液肥即可。

浇水 生长期和花期，表层土壤干燥时再浇水。花朵溅水会损伤，向植株底部轻轻注水。冬季控制浇水。

换盆 盆栽容易窝根，需要每年换盆。适宜时期是 3—4 月和 9 月。

繁殖方法 分株繁殖。移植时宜同时进行分株。将根部土壤抖净，再用手分成 2、3 株，注意操作时不要损伤粗壮的根。

小巧玲珑的花朵描绘自然风景

老鹳草 *Geranium*

月 份	1	2	3	4	5	6	7	8	9	10	11	12
花 期												
播 种												
栽 种												

牻牛儿苗科 / 耐寒性多年生草本植物 | 株高：10~60cm / 花朵直径：1~5cm | 别名：风露草

花色： 红● 粉● 白○ 蓝● 紫●

有 3000 种以上的老鹳草自生于世界各地的温带地区。生长在日本的草地、河滩上的中日老鹳草也属此属。生命力顽强易生长，品种繁多，花色、株形、性质各异。植株低矮类型可以种于月季的下面，以防雨水冲刷表层土；匍匐类型可用作地被植物；较高的类型可用作花园镶边，在欧美地区作为庭院花园不可或缺的植物为人喜爱。

✕ 失败原因！

夏季暑热侵袭 老鹳草不喜炎热潮湿，花后在梅雨季之前疏枝通风，以防暑热侵袭。

夏季阳光直射 盛夏置于通风良好的半背阴处养护，或者采取遮光措施。

🌱 养护要点！

栽种 春季盆栽苗上市。在有光照的、排水良好的半背阴处养护。对土质无特殊要求。生长过程中如果花茎有倒伏倾向要加立支架，能够支撑整棵植株的铁环支架最为合适。

浇水 不喜潮湿，表层土壤干燥时再浇水。夏季为防止暑热侵袭，要在早晨或傍晚浇水，注意防止叶面溅上水。

肥料 栽种或者移植时施用基肥，春秋生长期少量追肥，无须大量施肥。

摘残花 在花茎根部剪掉残花，若放置不管，有碍观瞻，开花亦会不佳，植株也会变虚弱。

移植 根系生长旺盛，植株长大，根部生长空间变小时，于春季或秋季挖出植株，移植并且分株。分株时从长大变老的根茎的自然分裂处进行切分。

花叶皆美，生命力顽强的兰花

白及 *Bletilla striata*

月 份	1	2	3	4	5	6	7	8	9	10	11	12
花 期												
栽 种												
移 植												

兰科 / 耐寒性多年生草本植物 | 株高：30~50cm / 花朵直径：约2.5cm | 别名：白芨、红兰

花色：红● 粉● 白○

分布于日本、中国台湾、中国西南地区。特征是叶片具光泽，花序呈穗状，花形如展开双翼的鸟儿一般。耐暑热，极为强健，即使在半背阴的地方依然能够开出漂亮花朵。除了盛开紫红色花朵的普通品种，还有掺杂一点淡粉色的白及，及前两者杂交而成的花瓣白色、唇瓣嵌有红色斑点的口红白及等品种。

❌ 失败原因！

光照不足 光照不足会导致植株徒长，开花亦会不佳。

强烈的西晒 种植在能够避开夏季西晒的树荫下，叶片不会褪色，一年四季都能保持美丽。

🌿 养护要点！

栽种 盆栽地栽皆能欣赏花开，饶有乐趣。春秋两季售有盆栽苗，夏季可买到盆花。种植在半背阴且富含腐殖质、略湿润的场所，无须特殊养护植株即可年年增多。施用含钾元素较高的基肥，浅植。

浇水 在休眠期冬季控制浇水量，保持干燥状态进行养护。

肥料 施用高氮肥，植株会衰弱，需要注意。

移植 盆栽每年一次重新种植到大一号的花盆中。地栽时，为促使植株更好地开花，每2~3年移植一次，在10~11月挖出植株，将块茎切分成2、3块重新种植。在寒冷地区，10月份挖出尚未受冻的块茎，避免干燥状态越冬。

明媚春日里舞动的蝶形花

香豌豆 *Lathyrus odoratus*

月 份	1	2	3	4	5	6	7	8	9	10	11	12
花 期												
播 种												
种 植												

豆科 / 秋播一年生草本植物及耐寒性多年生草本植物 | 株高：30~300cm / 花朵直径：3~4cm | 别名：麝香豌豆

花色：红● 粉● 蓝● 紫● 黄 白○

蔓性豆科植物，花色丰富，花香浓郁，是春日庭院中必不可少的花卉之一。蔓性品种适合种植于宽阔场地里的花坛，也适合用作切花花材，利用围栏或网架牵引其不断生长，可以营造立体空间感。与此相对，株高在30cm左右的矮生品种适用于盆栽，也可用于花坛镶边。

❌ 失败原因！

忘记摘残花 开放的花朵放置不管就会结种子，从而吸取植株养分。

肥料过多 肥料氮元素过量会导致叶片徒长，开花不佳。

移植 花苗长大后难以扎根，基本上不进行移植。

🌿 养护要点！

播种 一些种子的种皮较厚，很难吸收水分，将种子在水中浸泡一晚，选取鼓胀起来的进行播种。

种植 具有直根性，移植困难，在预定的种植地间隔20cm一次撒入2、3粒，依次点播种植，或者点播种植于塑料营养盆中，等到真叶长出3枚左右时再行定植，注意不要破坏根球。

肥料 盆栽、地栽都需要施用缓效性肥料作为基肥。追肥时，地栽在3月左右施用缓效性肥料，盆栽在花期每两周追施一次液肥。

浇水 表层土壤干燥时足量浇水。特别要注意早春时节不要缺水。

花姿优雅脱俗，低调绽放，令人陶醉

铃兰 *Convallaria*

月 份	1	2	3	4	5	6	7	8	9	10	11	12
花 期												
栽 种												
移 植												

百合科 / 耐寒性多年生草本植物 ｜ 株高：20~30cm / 花朵直径：1~1.5cm ｜ 别名：君影草

花色：白○ 粉●

春季花茎从叶片间抽出，顶端开有吊钟状花朵，散发芳香。隐藏在叶片下方绽放的花姿极为惹人怜爱。是一种自生于日本及朝鲜半岛的多年生草本植物，但在园艺商店较为常见的是产自欧洲的铃兰。与野生种比，它叶片圆厚且具光泽，花朵略大于普通铃兰，盛开在叶片之上，给人以华贵印象。冬季叶片枯萎，保持地下茎状态越冬。

✕ 失败原因！

环境干燥 铃兰一贯喜好潮湿环境，注意避免干燥。
过量施肥 过量施肥会导致叶片繁茂徒长，可能会无法开花。

🌱 养护要点！

栽种 在向阳处易于生长，但不喜炎热潮湿，因此地栽时最适宜选择夏季凉爽的树荫下。在肥沃的黏质土中混入充足的腐叶土，种植地下茎。如若浅植则地下茎会年年扩大并且群生。
浇水 生长期表层土壤干燥时足量浇水。休眠期要减少浇水次数，保持土壤湿润即可。
肥料 施用缓效性肥料作为基肥及花后追肥。
摘残花 花期结束后在花茎的根部剪断。
移植 盆栽1~2年换盆一次，重新种植于大一号的花盆中。如在休眠期换盆则要避开严寒期。适宜时期是11—12月及来年3月。地栽时如果植株变得过于拥挤，将地下茎分株，切分成4、5个芽。

自然风花园的绝佳拍档

绛车轴草 *Trifolium incarnatum*

月 份	1	2	3	4	5	6	7	8	9	10	11	12
花 期												
栽 种												
播 种												

豆科 / 秋播一年生草本植物 ｜ 株高：50~60cm / 花朵直径：约0.8cm ｜ 别名：绛三叶草

花色：红●

与欧洲原产的白三叶同属。春季在抽长的花茎顶端开有像蜡烛一般的鲜红花朵。原本为每年开花的多年生草本植物，但因不耐热，会在夏季枯萎，因此在日本被视为一年生草本植物。可以用于地被植物或盆栽、切花等。能够合成肥料三要素之一的氮元素，因而也被用作绿肥。

✕ 失败原因！

花朵持续盛开 花朵结种后会缩短植株寿命。花穗开到八成左右时剪断花茎，将剪断的花作为切花欣赏。
冬季温度过高 冬季不经受严寒考验，不会开花，因此要置于室外养护。

🌱 养护要点！

播种 适宜时期是9—10月。种植在光照充足、排水良好的地方。喜好中性至弱碱性土壤，事先撒些苦土石灰调整土壤酸度。不喜移植，建议直接播种，也可以在塑料营养盆中播种，等到来年春季再行种植。
栽种 苗的适宜栽种期是3月。植株横向生长，因此要间隔20~30cm，栽种时注意不要破坏根球。
浇水 不耐暑气，浇水要稍微控制量。表层土壤干燥时足量浇水。
肥料 肥料过多会导致植株枯死，基本上无须特意施肥，下部叶子变黄时薄施液肥。
病虫害防治 提防生蚜虫。

盛开于田野间的娇小身姿，可装点庭院花园

堇菜 *Viola*

月 份	1	2	3	4	5	6	7	8	9	10	11	12
花 期		■	■	■								
播 种					■	■						
栽 种			■	■						■	■	

堇菜科 / 耐寒性多年生草本植物 │ 株高：10~30cm / 花朵直径：1~2cm │ 别名：紫花地丁

花色：粉● 黄● 紫● 白○

日本是堇菜大国，各地有 100 种以上自生的变种及亚种堇菜。拥有如三色堇（大花品种）茎不断生长的有茎品种，也有花茎从植株底部长出的无茎品种，以堇菜之名出售的多为无茎品种。主要以盆栽形式售卖。早春出芽后，春季盛开小巧玲珑的花朵，秋季地上部分枯萎。品种丰富，除了开有深紫色小花的品种，还有白底嵌紫色条纹的品种。

☒ 失败原因！

忘记换盆 市售盆栽待花朵开败后立即换到大一号的花盆中，注意换盆时不要弄伤根系。
夏季阳光直射 盛夏移置半背阴的场所，或遮光防止阳光直射。

🌱 养护要点！

放置场所 带花盆栽于 2 月左右上市。置于光照充足的场所观赏养护。根部会生长，因此换盆时需要种植在深盆中。
地栽 庭院地栽时间隔 20cm 左右种植。对土质没有特殊要求。
播种 虽为多年生草本植物，但寿命只有 2~5 年，可以播种换新。夏季采种，播撒到塑料营养盆中，覆土厚 2mm 左右，盆底给水以防干燥。如果不越冬，种子可能不会发芽，需耐心等待。
浇水 盆栽表层土壤干燥时足量浇水。地栽除非极端干燥否则无须浇水。
肥料 施用缓效性肥料作为基肥，液肥用于追肥，花后还需施礼肥。
病虫害防治 注意蚜虫及红蜘蛛。

背阴花园中脱颖而出的美丽叶片

黄水枝 *Tiarella*

月 份	1	2	3	4	5	6	7	8	9	10	11	12
花 期				■	■	■						
栽 种			■	■	■	■						
移 植			■	■					■	■	■	

虎耳草科 / 耐寒性多年生草本植物 │ 株高：20~60cm / 花朵直径：约 1cm

花色：白○ 粉●

矾根的近缘种，主要分布于北美森林地带。从春季到初夏盛开穗状粉色或白色花朵。极具个性的叶色和叶形非常受欢迎。较为多见的品种是一种叶片具明显叶裂，沿着叶脉分布有深红色纹理的品种。能够适应日本的炎热潮湿气候，在半背阴场所也能够很好地生长，最适宜装点背阴花园。与玉簪搭配种植，可以观赏协调的彩色叶片景观。

☒ 失败原因！

没有修剪 植株长大变老后花茎挺立，有碍观瞻，因此要尽早摘心以促进侧芽生长。
强光直射 强烈的日光会将叶片晒成茶色，较为严重的叶片烧伤会使植株衰弱，需要注意。

🌱 养护要点！

栽种 春季到初夏市售有盆栽苗及盆花。选择株形紧凑的花苗。潮湿明亮的半背阴处是最合适的场所。略微深植在排水良好、富含腐殖质的土壤中。
浇水 地栽几乎无须浇水。不耐炎热干燥，夏季浇水以防缺水。
肥料 施用缓效性肥料作为基肥。过量施肥会导致叶片肥大，花朵不再引人注目，因此需要控制用量。
换盆 盆栽在窝根前重新种植到大一号的花盆中。植株变老后，开花数量会减少，因此适宜过 3 年左右进行分株，使其重新焕发活力。春季或秋季挖出植株，将每棵植株分成 2、3 棵。或是选择种子繁殖，用摘心后的芽尖扦插繁殖。

易于园艺小白种植养护的可爱花卉

雏菊 *Bellis perennis*

月 份	1	2	3	4	5	6	7	8	9	10	11	12
花 期												
播 种												
栽 种												

菊科 / 秋播一年生草本植物 | 株高：5~15cm / 花朵直径：1~4cm | 别名：春菊

花色：红● 粉● 白○

原产于欧洲的花期较长的多年生草本植物，因不喜炎热潮湿，夏季植株会衰弱，因而在日本被视为一年生草本植物。花色不多，但花形、大小及种类多样。生命力顽强，易养护，大量盛开的花朵呈地毯状铺开，适用于广阔空间的覆盖植物、花坛镶边，或是装点大型平底花盆等，也是一种易于园艺小白种植养护的庭院花材。

✕ 失败原因！

忘记摘残花 对于开始枯萎的花朵要时常打理，连带花茎一并剪掉。不仅能够促进开花，还能预防病害。

生蚜虫 易生蚜虫，建议从春季开始使用杀虫剂，预防虫害。

🌱 养护要点！

播种 应尽量使花苗长大后越冬，因此通常在略早于秋播时节的8月下旬至9月上旬播种。

栽种 可移植，等到真叶长出2、3枚叶时，一盆一株，依次移植到塑料营养钵中，等到花苗长大后再定植到想让其盛开的场所。

肥料 施用缓效性肥料作为基肥。相对喜肥，因此以每月1、2次的频率，薄施液肥。肥料氮元素含量过高会导致叶片徒长、开花不佳，适宜施用磷元素较高的肥料。

浇水 表层土壤干燥时足量浇水。不耐干燥，缺水会导致叶片萎蔫。在生长旺盛的花期，应特别注意避免缺水。

越冬 雏菊是一种相对耐寒的植物，但是若能用稻草等覆盖植株底部加以防护会更加令人安心。

花香馥郁，散发魅力的春季代表性花卉

风信子 *Hyacinthus orientalis*

月 份	1	2	3	4	5	6	7	8	9	10	11	12
花 期												
栽 种												
挖 根												

天门冬科 / 秋植球根花卉 | 株高：约20cm / 花朵直径：1~3cm

花色：红● 粉● 黄● 紫● 蓝● 白○

分布在欧洲南部至亚洲西南部，是所有早春盛开的球根植物中具有代表性的芳香花卉之一，在气温较高的白天，浓郁芬芳的花香飘满整个庭院，香气四溢。开出的穗状花朵极具分量感，花色丰富。如果群植在花坛或花器中会给人留以华丽的印象，而零散种植又格外惹人怜爱。此外，因为水培时也较易生长，冬季至早春时节作为室内园艺花卉也颇受喜爱。

✕ 失败原因！

球根个头小 选择个头大有重量感，发根部位没有伤的球根。这样的球根可以生出粗壮的花茎，开出优质花朵。

在温暖的场所养护 不经受严寒考验则无法生出花芽。种植后，直到长出花茎之前置于室外。

🌱 养护要点！

栽种 最佳时期在10月。地栽时种植在光照充足、排水良好的场所。喜中性至弱碱性土壤，因此种植前加入苦土石灰调节土壤酸度。间隔15cm，深度为球根高度的2~3倍种植。盆栽时，以球根顶部隐约可见的深度种植即可。5号盆适宜种植1颗球根，但密植更令人印象深刻。

浇水 不可缺水。表层土壤干燥时足量浇水。

肥料 施用缓效性肥料作为基肥。

挖根 养大球根，直到6月叶片变黄时，挖出消毒，干燥保存。开花状况会一年不如一年，因此最好将它们种植2~3年，这期间无须特殊养护。每年种植新的球根更能保证欣赏到美丽花开。

早春芳香花卉，花色丰富

香雪兰 *Freesia*

月　份	1	2	3	4	5	6	7	8	9	10	11	12
花　期												
栽　种												
挖　根												

鸢尾科 / 半耐寒性秋植球根花卉 ｜ 株高：30~90cm / 花朵直径：2.5~6cm ｜ 别名：小苍兰

花色：红● 粉● 橙● 黄● 紫● 蓝● 白○

抽长的花茎顶端呈穗状绽放出 6~12 朵花。花香芳芬醇厚，作为切花也广受欢迎。不耐寒但在温暖地区可以地栽，在有霜的地方种植在花盆或种植箱中，置于屋檐下等场所养护。此外不喜环境过暖。温度在 25℃以上时会导致植株徒长，花朵迅速开败，需要注意。

✕ 失败原因！

在温暖的室内养护 生长温度过高会导致植株徒长。在 10℃ 左右的环境中养护。

忘记立支架 随着植株生长，根部会摇晃容易倒伏，尽早加立支架。

🏷 养护要点！

栽种 适宜时期是 9 月下旬到 11 月中旬。地栽时，如果过早种植，寒气会冻伤生长中的茎叶，因此选择在 12 月左右种植，使植株保持在幼芽状态度过严寒期。在光照充足，通风良好的场所，施用堆肥和少量缓效性肥料，然后种植。盆栽，如果种的是中号球根，在 5 号盆中约种植 7 颗。

浇水 盆栽注意避免缺水。

肥料 除了基肥，花后施用 4、5 次液肥，次年也可盛开美丽的花朵。

摘残花 为了避免植株消耗养分，要立刻摘残花，等到花朵全部开败，从花茎根部剪断。

挖根 叶片变黄时，将球根连叶挖出，阴干。待到球根干燥后，摘掉叶子，在避光处存放。

用于混栽的蓝色花卉

蓝菊 *Felicia*

月　份	1	2	3	4	5	6	7	8	9	10	11	12
花　期												
栽　种												
扦　插												

菊科 / 半耐寒性多年生草本植物 ｜ 株高：20~40cm ｜ 花朵直径：约 4cm ｜ 别名：琉璃雏菊

花色：天蓝色●

原产于南非。繁茂的叶片中间抽出大量纤细的花茎，顶端绽放惹人怜爱的花朵。淡蓝色中带点紫色的舌状花瓣与黄色冠状花心对比强烈，令人印象深刻。不喜强寒和炎热潮湿，建议种在可移动的花盆中。也有叶片嵌有斑点的品种，作为混栽花材颇受欢迎。

✕ 失败原因！

忘记回剪 在夏季之前回剪至植株的 1/3 处，等到秋季可再次开出繁茂的花朵。

忘记摘残花 为防止灰霉病，要勤于摘掉残花败叶。

🏷 养护要点！

栽种 春季盆栽苗上市。喜好排水良好富含有机质的土壤。光照不足则开花不佳，应置于光照充足的场所养护。盛夏置于通风良好的半背阴处。

浇水 春秋生长表层土壤干燥时足量浇水。夏冬两季控制浇水。

肥料 除了基肥，花期中一周施用一次液肥。

冬季养护 温度低于 5℃ 植株会枯萎。在有光照的室内养护。

换盆 花后如果根系从盆底排水孔 "爬出"，将地上部分回剪，重新种植到大一号的花盆中。

繁殖方法 越年植株会变得开花不佳。3 月或 10 月取带有 4、5 枚叶片的枝梢，扦插繁殖，每年可欣赏大量花朵。

开满枝头，花姿别具魅力

福禄考 *Phlox drummondii*

月　份	1	2	3	4	5	6	7	8	9	10	11	12
花　期					■	■						
播　种												
栽　种				■								

花葱科 / 秋播一年生草本植物 │ 株高：20~60cm / 花朵直径：2~3cm │ 别名：桔梗石竹

花色：红● 粉● 紫● 白○

可爱的花朵大量成群绽放枝头。花色纷繁，在春季及初夏花坛中竞相盛放。高生品种适用于装饰花坛及用作切花花材。其中花瓣边缘有缺刻的星花系复色花较多，被称为星花福禄考。株高 20~30cm 的矮生品种有多花性的"格罗夫（Grove）"及星花系"闪烁（Twinkle）"等。除了用于装点花坛，也适用于盆栽观赏。

❌ 失败原因！

夏季西晒 福禄考不喜炎热潮湿，避开夏季西晒，养护在通风良好的地方。
忘记摘残花 残花可导致发生病虫害，要及时清理。

🌱 养护要点！

播种 在光照充足通风良好的地方，选择排水良好、富含腐殖质的肥沃土壤种植。9月下旬至 10 月，寒冷地区 4—5 月时，直接播种在花坛或花盆中，发芽后以 20cm 左右的间隔间苗。盆栽时 5 号盆中种植 1~3 株为宜。若是直接栽苗，地栽间隔 20cm，盆栽同样遵循 5 号盆中种植 1~3 株苗的基准。虽然具有耐寒性，但仍需防霜。
浇水 喜好略湿土壤。注意不要缺水。
肥料 施用缓效性肥料作为基肥。此后定期施用液肥追肥，以防缺肥。
病虫害防治 提防蚜虫及白粉病。

多彩缤纷的花朵随风摇曳

罂粟 *Papaver*

月　份	1	2	3	4	5	6	7	8	9	10	11	12
花　期				■	■	■						
播　种									■	■		
栽　种										■		

罂粟科 / 秋播一年生草本植物 │ 株高：30~90cm / 花朵直径：5~15cm │ 别名：虞美人

花色：红● 粉● 橙● 黄● 白○

罂粟，罂粟属植物的通称。以欧洲至亚洲温带地区为中心，广泛分布近 70 种原始种。人们主要栽培的有早春至初夏时节盛开的野罂粟，紧追其后盛放的虞美人和鬼罂粟这三种品系。如果群植野罂粟和虞美人，它们会自然混合，营造一个多彩缤纷的庭院。鬼罂粟花色极为丰富。

❌ 失败原因！

过量浇水 罂粟不喜潮湿，过量浇水容易烂根。
栽种时损伤根系 罂粟不喜移植，种植买来的花苗时，注意不要破坏根球。

🌱 养护要点！

播种 虞美人不喜移植，因此需要直接在花坛中播种，发芽后配合其生长间苗。种子极为细小，须少量覆土。每天接受半日光照即可生长。
栽种 野罂粟相对而言较耐移植，除了选择直接播种外，也可以在育苗盒内播种，等到真叶长出 4、5 枚，间隔 20cm 定植。喜光照。
肥料 如若事先混入缓效性肥料作为基肥，则基本无须追肥。叶片失去光泽变黄时，施用液肥追肥。
浇水 不喜潮湿，喜排水良好的土壤。表层土壤干燥时足量浇水。
花后养护 将花败后的花茎从根部剪去。

适用于混栽和花坛镶边，引人注目

葡萄风信子 *Muscari*

月 份	1	2	3	4	5	6	7	8	9	10	11	12
花 期												
栽 种												
挖 根												

百合科 / 秋植球根花卉 / 株高：10~60cm / 花朵直径：2~5mm（花穗长 2~30cm） | 学名：蓝壶花

花色：蓝● 紫● 白○

生命力顽强易于生长，球根植物的代表之一。分布于地中海沿岸地区和西南亚，据悉约有 30 种原始种，其中有十数种原始种及其园艺品种用于栽培。最为常见的是如一颗颗小粒葡萄逆向密生成串状的亚美尼亚葡萄风信子。花朵可爱，花期长，与华丽的郁金香等搭配在一起，可以欣赏独特的色彩。

✖ 失败原因！

花后剪叶 葱郁茂盛的残留叶子绝不可剪掉。叶片接受日光照射能够生成养分促使球根变得肥硕粗壮。

🏷 养护要点！

栽种 喜好排水良好的沙质土壤。从秋到春适宜养护在光照充足的场所，但从 5 月起直至夏季，落叶树的树荫下这种地方最为适宜。略微密植可观赏壮观的花开景象。覆土厚 2cm 左右。

肥料 每平方米土壤中略微混入一把苦土石灰，施用混有油粕的钾肥作为基肥。花后，为促使球根变粗壮，可以将复合肥料适量薄施在植株底部，或是直到叶尖开始枯萎前，每 10 日施用一次液肥。

浇水 表层土壤干燥时足量浇水。夏季来临之前，叶片枯萎进入休眠后，无须浇水。

挖根 花后在花朵尚未结种前，剪去花穗部分。进入 6 月，茎叶逐渐枯萎时，在晴朗的天气里挖出球根。

装点花园，使其呈现如田野般的自然风

矢车菊 *Cyanus segetum*

月 份	1	2	3	4	5	6	7	8	9	10	11	12
花 期												
播 种												
栽 种												

菊科 / 秋播一年生草本植物 | 株高：30~100cm / 花朵直径：3~4cm | 学名：蓝花矢车菊

花色：白○ 粉●

分布于欧洲南部至西亚。自明治时代引入日本，一直用于切花或花坛种植，是一种为人所熟识的花卉。从株高 30cm 左右的矮生品种到近 1m 高的高生品种，应有尽有，分枝多，开出繁茂的花朵。纤细的花茎顶端盛开形如矢车（一种日本的风车）状花朵，仿佛飘浮在空中，令人耳目一新。将各种花色品种群植，柔美的配色使人犹如置身田野，享受自然气息。

✖ 失败原因！

过量施肥 肥料过多会导致植株徒长、倒伏。不施肥的植株反而会开花良好，株形优美。

夏季干燥 矢车菊虽不喜潮湿，但极端干燥会生红蜘蛛。

🏷 养护要点！

播种 喜好光照充足，排水良好的场所。遭受严寒侵袭会冻伤叶片，选择冬季不受寒风侵袭的场所养护。播种的适宜时期是 9 月上旬至中旬。直接种植在花坛中，间苗时保持株间距在 40cm 左右。播种在塑料营养盆中时，等到真叶长出 5~7 枚时再定植。

栽种 晚秋至春季市售有盆菜苗，春季售有盆花。地栽间隔 40cm，盆栽在 5 号盆中约种植 3 棵盆株。不喜炎热潮湿，尽量置于通风良好处养护。高生品种容易倒伏，加立支架抵御强风。

浇水 地栽几乎无须浇水。盆栽表层土壤干燥时足量浇水，注意不要过湿。

病虫害防治 生红蜘蛛时，花蕾会萎缩不再开花。

具有分量感的花朵给人以华贵印象

花毛茛 *Ranunculus asiaticus*

月　份	1	2	3	4	5	6	7	8	9	10	11	12
花　期												
栽　种												
挖　根												

毛茛科 / 秋植球根花卉 ｜ 株高：25~50cm / 花朵直径：3~15cm ｜ 别名：芹叶牡丹

花色：红● 粉● 橙● 黄● 白○

　　分布于欧洲南部至亚洲西南部。具有层层重叠的花瓣和明艳的花色，是切花中极具人气的球根花卉。虽然花毛茛是银莲花的近缘种，但却拥有银莲花没有的黄色及橙色花色，如果群植，将使春季花坛变得华丽无比。大花的维多利亚（Victoria）系列，以及花朵直径达到15cm的超级大花的梦想家（Dreamer）系列适用于花坛种植或做切花花材，盆栽则适合选择株高在25cm左右、被称为"盆栽小矮人（Pot Dwarf）"的系列。

✖ 失败原因！

使球根迅速吸水 要使球根慢慢地吸水之后再种植。
光照不足 光照不足会导致植株徒长或花色变淡，养护在有长时间光照的地方。

⚘ 养护要点！

栽种 适宜时期是10—11月。
喜好光照充足的场所及排水良好的沙质肥沃土壤。若直接栽种干燥的球根，那么球根会迅速且过量吸水分，容易腐烂。要事前埋在湿润的蛭石中少量吸水，等到略微生出新根新芽时再正式栽种。地栽球根间隔约15cm，覆土厚2~3cm。盆栽则间隔5cm浅植，隐约可见球根头部即可。冬季防霜。选购早春上市的带花盆栽苗或盆花，种植养护较为容易。
肥料 除了基肥之外，发芽后和开花前施用缓效性肥料。
挖根 若叶片变黄枯萎，在梅雨季之前挖出球根，保持干燥状态保存。

可爱的小花开满枝头

勿忘草 *Myosotis*

月　份	1	2	3	4	5	6	7	8	9	10	11	12
花　期												
播　种												
栽　种												

紫草科 / 秋播一年生草本植物 ｜ 株高：20~40cm / 花朵直径：约1cm ｜ 别名：勿忘我

花色：粉● 蓝● 白○

　　春季盛开蓝色、白色或粉色的可爱花朵。原本为多年生草本植物，但因不耐炎热，花后多枯萎，因而在日本被视作一年生草本植物。耐寒，繁殖力强，可以播种繁殖。在寒冷地区度过夏季后植株会长大。有适用于地被植物的矮生品种，也有用于切花的高生品种，可以搭配任何花朵，因而作为混栽花材也非常受人喜爱。

✖ 失败原因！

缺水 小苗越冬时不可缺水。干燥会导致叶尖枯萎，植株衰弱。
栽种时伤根 勿忘草不喜移植，因此要趁着苗小时种植。注意栽种时不要破坏根球。

⚘ 养护要点！

播种 喜好光照条件和保水能力较好的场所。9~10月直接种在花坛或花盆中，发芽后间苗。发芽大约需要15天，发芽前需注意养护，避免干燥。
栽种 可以选购早春上市的盆栽苗进行栽种，注意栽种时不要破坏根球。植株开花的同时会横向生长，预留足够的株间距。
浇水 喜欢略湿的土壤。表层土壤干燥时足量浇水，以防缺水。在寒冷地区越夏时，要在梅雨季以后控制浇水。盆栽养护在雨水侵袭不到的地方。
肥料 少量施用缓效性肥料作为基肥即可。下方叶片变黄枯萎、生长迟缓时，施用液肥追肥。

Early Summer
初 夏 花 卉

开美丽大花的铁线莲

铁线莲 *Clematis*

毛茛科 / 落叶性藤本植物 | 蔓长：1~5m / 花朵直径：2~15cm

花色：红● 紫● 白○ 黄● 蓝● 粉●

月 份	1	2	3	4	5	6	7	8	9	10	11	12
花 期												
种 植												
扦 插												

铁线莲属是一个遍布世界各地，拥有超过 200 种原始种的大属，该属的园艺化进程一直在发展，有许多园艺品种供人观赏。多数具蔓性，被用作篱笆、拱门、网架及墙壁的装饰花。地栽情况较多，但盆栽也十分赏心悦目。

直至不久前，日本市面流通的几乎全是基于日本的转子莲和中国原产的铁线莲培育而成的早ация大花组品种，但是最近有许多其他品系的品种逐渐在市面出现了，铁线莲的培育变得乐趣无穷。如分布在中国南部至喜马拉雅山脉一带的绣球藤的园艺品种和美国得克萨斯州至墨西哥原产的红花铁线莲的园艺品种。多数种类的花期在 5—6 月，根据品种不同，有的也可以持续开花至 8 月。还有秋季再开花的品种、冬季开化品种，使得全年都能够欣赏花朵盛放。

养护方法，特别是修剪方法根据品种而异，需要注意。

攀缘于庭园乔木之上，自然盛开的各种大花组铁线莲。

❌ 失败原因！

缺水 铁线莲不喜营养土干燥。盆栽，表层土壤干燥时及时浇水。

夏季西晒 铁线莲不喜炎热潮湿的环境。在炎热地区避开盛夏的西照日头。

错误的修剪方法 修剪方法因种类而异。避免误剪花芽。

绣球藤的园艺品种，春季（4—5 月）绽放美丽繁多的花朵，花朵直径为6~8cm。

南欧铁线莲组品种"波兰意志（Polish Spirit）"，4 瓣花朵非常可爱。花期在 6—10 月，花朵直径为 10cm 左右。

甘青铁线莲组品种"兰普顿公园（Lampton Park）"盛开黄色花朵。花期在 5—9 月，花朵直径为 5cm。

🌱 养护要点！

种植场所 种植在向阳处或者光线明亮的背阴处。多数种类耐寒且不喜炎热潮湿，因此应选择通风良好的场所种植。夏季比较炎热的日本关东以西地区，建议选择西照日头晒不到的半背阴场所种植。

栽苗 栽苗的适宜时期是 3—4 月，但其实除了盛夏和严冬时节，任何时候都可以种植。喜好富含腐殖质的中性土壤，因此要在种植场所撒些苦土石灰中和土壤酸度。温暖地区建议在土壤中混入木炭，以改善土壤排水性。盆栽，在花草用营养土中混入三成左右堆肥，改善土壤排水保肥能力。

藤蔓牵引 多数种类藤蔓会伸长，事先立支架或网架，等到藤蔓开始生长时予以牵引，用塑料扎带加以固定，使之均匀分布。

浇水 不喜营养土干燥。盆栽表层土壤干燥时施足量浇水。地栽也要在种植后的一段时间适量浇水，等到扎根时就无须再浇水，但是盛夏极度干燥之时需要浇水。不喜极端的干湿变化，最好在地面覆膜或用地被植物覆盖。

肥料 在温暖地区种植时施用缓效性肥料作为基肥。花后也可施肥。

修剪 多数种类要在冬季剪掉多余枝条。对于在头一年长出的枝上生花芽的"旧枝开花型"，要留下新一年生出的新枝，剪掉老枝。对于在春季抽长的枝上生花芽且当年开花的"新枝开花型"，将所有老枝全部剪掉也无妨。对于新枝老枝全部生有花芽的"新旧枝开花型"，可以使用任意一种修剪方法。

郁金香型红花铁线莲组的"绝色（Gravetye Beauty）"。花期在 5—10 月，花朵直径为 6~8cm。

✂️ 要点！

花后修剪 四季开花的大花组铁线莲，花后剪掉藤蔓，会长出新的藤蔓再次开花。

在藤蔓的 1/2 处剪取。

绣球藤组的品种会在前一年长出的枝上生花芽，因此不宜大幅修剪。只需在花后将残花剪掉即可。

南欧铁线莲组中花铁线莲"小白鸽（Alba Luxurians）"，白色花瓣顶端一抹绿色非常美丽。花期在 5—10 月，花朵直径为 3~5cm。

南欧铁线莲组品种"贝蒂康宁（Betty Corning）"，淡粉色的花朵非常美丽。花期在 5—10 月，花朵直径为 4~6cm。

铃铛型小花铁线莲"笼口"，日本培育出的品种，花期在 5—10 月，花朵直径为 3~5cm。

旧枝开花型
早花大花组、绣球藤组等

新枝开花型
红花铁线莲组、全缘铁线莲组、南欧铁线莲组等

新旧枝开花型
四季开花大花组、晚花大花组、甘青铁线莲组等

花后种植

以盆花形式购入的四季开花大花组品种，建议花后修剪，然后移植到大一号的花盆中。

1　将藤蔓剪断一半左右，种植到大一号的花盆中。不要破坏根球。

2　将藤蔓牵引到网架或支架上，用塑料扎带予以固定。

3　种植完成。定期施肥即可。藤蔓生长时依次牵引。

冬季修剪

铁线莲分为头年枝上生花芽的"旧枝开花型"和在春季生出的枝上生花芽且开花的"新枝开花型",修剪方法因类型而异。

1　头年枝上生花芽的类型(旧枝开花型),留下当年生出的枝,剪掉之前的老枝或只剪掉枝顶端。

　修剪时将枝从支架上撤下,修剪完毕重新牵引。

1　春季抽长的枝上,长出花芽且当年开花的类型(新枝开花型),可将全部藤蔓从根部剪掉。

2　待到春季植株底部会生芽,再次开花。

栽种花苗

购买开花的盆花种植养护比较轻松,但若有心仪的品种也可以通过网购购入花苗种植。适宜栽种期在冬季至来年早春时节。

1　铁线莲两年苗(左)和一年苗(右)。建议新手选择结实的两年苗。

2　将花苗从塑料营养盆中拔出。两年苗已经长出强健的根系。

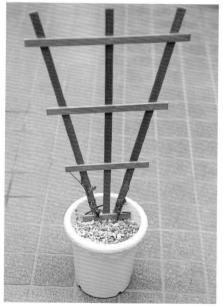

3　将根部旧土全部抖落,用水洗干净。尽量不要剪掉根系。

4　在花盆中加入营养土至盆高的一半左右,将根系在土壤中铺开种植。不要忘记放置网架或支架用以牵引。

5　添加营养土,种植完成。等藤蔓生长时用支架牵引。

让人憧憬的华丽花卉

月季 *Rosa*

月 份	1	2	3	4	5	6	7	8	9	10	11	12
花 期												
种 植												
修 剪												

蔷薇科 / 落叶灌木 | 株高：15~300cm / 花朵直径：2~15cm

花色：红● 粉● 紫● 白○ 黄● 橙●

月季自古以来就备受人们喜爱，并且是一种深深根植于文化中的花卉。多数品种都会散发出浓郁香气，被用作香水的制作原料。作为切花花材，其生产也得到蓬勃发展，是代表性切花之一。

品种丰富，除了黑色和蓝色以外几乎集齐所有花色。花期以春秋两季为主，但近来出现的品种多为四季开花的，只要温度合适全年开花不断。除了盆栽苗及卷根苗外，也有小型品种以盆花的形式上市出售。

月季的分类方法有许多种，如果按树形将其划分，主要有灌丛月季、藤本月季、半藤本月季三种类型。此外，我们将 150 年前培育出的月季称为古老月季，其后培育出的月季称为现代月季。颇受欢迎的英国月季是由英国育种家大卫·奥斯汀（David Austin）培育出的月季品牌。

❌ 失败原因！

光照不足 月季喜光照，光照不足开花不佳，将其种植在一天光照超过 5h 的地方。

肥料不足 月季特别喜肥。除了种植时施用基肥，也不要忘记追肥。

疏于修剪 疏于修剪不仅会导致株形散乱，还会影响开花。冬季修剪是极为重要的一项工作。

种植在篱笆前的月季与多年生草本植物。中央紫红色的月季是杂交茶香月季"紫雨（Purple Rain）"，左边淡粉色的花朵是藤本月季"新曙光（New Dawn）"，右边深粉色花朵是小花藤本月季"莫扎特（Mozart）"。

灌丛型

被称为"树月季"，近代品种多为四季开花的。也可以根据枝条的生长方向进行细分，如枝条朝上生长的直立型、半直立型、横张型、半横张型。四季开花的大花杂交茶香月季和中花簇生的丰花月季同属灌丛型月季。也有小型灌丛月季适用于盆植。

藤本型

藤本月季，有原本就具藤本特性的，也有灌丛月季通过嫁接的方式而具有藤本属性的，品种丰富。以一季开花和反复开花（秋季也会少量开花）品种为主。适用于装点篱笆和拱门。

半藤本型

枝条呈弓形且茂盛，显示出半藤本性，特性也不一而足。多以大型景观示人，能够为庭院布景带来惊艳效果。

黄色的杂交茶香月季"金心（Golden Heart）"。

橘色的杂交茶香月季"罗拉（Rola）"。

英国月季"格拉米斯城堡（Glamis Castle）"，与杂交茶香月季不同，特征是呈杯状开放。

英国月季"L.D. 布雷斯韦特（L.D. Braithwaite）"。

养护要点！

种植场所 选择光照条件良好的场所种植尤为重要。每天至少要接受 3 个小时的日照，否则不会开出漂亮的花朵。盆栽月季也应放置在光照充足的场所养护。

藤本月季的藤蔓会伸长，要种植在篱笆或拱门的近处，牵引其生长。如果没有合适的场所则需要在其附近设置爬架或支架。

无论如何，一旦种植就很难再移动，因此需要慎重选择种植场所。

栽苗 月季花苗分为刚刚嫁接的新苗和已经养了近一年的大苗。建议选择大苗，因为它更容易生长。大苗的适宜种植期是冬季休眠期。寒冷地区如果土壤已经冻结，则在早春土壤解冻时再行种植。种植前要将附着在根上的土壤抖干净。在种植的场所混入腐叶土和堆肥，这能够促使土壤变得肥沃且排水良好。这一点非常重要。

近来市场上逐渐增多的盆栽苗可在一年中的任何时候种植。在春季到秋季的生长期（苗上生有叶片）种植时，无须抖落根球土，保持原状种植即可。

肥料 月季是一种喜好肥料的植物。同一场所种植，连年开花，因此要足量施用基肥。推荐使用油粕骨粉等有机肥料。冬季修剪过后，也要在植株底部施肥。

剪掉残花 根据种类而异，多数月季花期结束后剪掉花茎，这一行为能够促使新枝萌发，一年可数次开花。

一季开花的藤本月季，即使剪掉残花，直到来年花朵也不会再开。保留残花，秋季可欣赏美丽的红色蔷薇果。

修剪 冬季修剪是一项重要的工作。对于没有藤本属性的月季，要从根部剪掉老枝和细枝，结实的新枝也要剪断一半左右。

对于藤本月季，先撤去爬在篱笆或支架上的藤蔓，剪掉老藤蔓，稍微剪断新藤蔓的顶端，再重新利用篱笆或支架牵引其生长。

藤本月季"安吉拉（Angela）"，花瓣数少，中花杯状花朵，花量丰沛。四季开花品种，抗病能力强。

中花成簇开放的丰花月季"马蒂尔达（Matilda）"。

迷你月季"繁花公主"。

古老月季"米奥（Rose de Meaux）"。

要点！

剪掉残花　尽早剪掉残花。四季开花品种会生出腋芽，再次开花。

花朵枯萎后不要忘记剪掉。修剪高处残花时使用高枝剪比较方便。

杂交茶香月季等长花茎品种，建议在花朵枯萎前将其剪下，插到花瓶中装饰欣赏。

冬季修剪　为使花朵每年盛放，冬季修剪是一项不可少的工作。要记得修剪。

要在饱满的芽之上剪掉枝条。

灌丛月季和半藤本月季，冬季将植株的地上部分剪掉50~100cm。两年以上的老枝从根部剪掉。

种有古老月季和藤本月季等
经典花形品种的自然风花园。

专栏

在阳台享受
种植月季的乐趣

对于喜好干燥气候的月季而
言，通风良好、遮挡雨水的公
寓阳台恰好是适合其生长的场
所。准备大一点的花盆或花器，
尽情体会栽种月季的乐趣吧。

庭院一角，用砖块砌成
的月季角。砖墙外侧放
置的盆栽月季"草莓冰
（Strawberry Ice）"（丰
花月季）。

从春到秋都可观赏的经典花卉

矮牵牛 *Petunia*

月 份	1	2	3	4	5	6	7	8	9	10	11	12
花 期												
播 种												
栽 种												

茄科 / 春播一年生草本植物，半耐寒性多年生草本植物 | 株高：20~50cm / 花朵直径：2~12cm | 别名：撞羽朝颜

花色：红● 粉● 黄● 紫● 蓝● 橙● 白○

多花且耐暑热，五彩缤纷的花朵接连绽放，从初夏至秋季是花园中必不可少的花卉。花期长，除了用于装点夏季花坛，也可盆栽，种植在种植箱或吊篮中，用途广泛。花期混栽或花坛种植时，与茎直立的品种相搭配，也会饶有趣味。

原产地在南美，基于几种原始种栽培出了许多园艺品种。以前有许多品种不喜雨水，不太适合室外栽培，近来出现的品种已经变得不畏雨水，在各种场景下都能够供人愉快的观赏。

花色多样，种类丰富。有花朵直径超过10cm的超大花品种，也有小巧多花、径伏于地面生长的品种，还有花朵直径在2cm左右的小花品种。"萨菲尼亚（Surfinia）"是一种耐暑气、抗病能力强的强健品种，花色除了深紫红色外，还有白色、粉色等其他颜色，颇受欢迎。

矮牵牛通常被视为一年生草本植物，多数品种在冬季枯萎，但是"萨菲尼亚"和"抒情诗雨（Lyrica Shower）"等品系如果置于向阳处，最低温度保持在3~5℃即可越冬，顺利生长。

矮牵牛和长春花制作而成的吊篮装点前花园。矮牵牛花期长，从春季起就是花园中必不可少的花卉。

✖ 失败原因！

忘记摘残花 花朵接连盛开，要时常摘残花保持清洁。

雨水侵袭 虽说最近出现了耐雨水的品种，但基本上属于不喜雨水的植物。尽量避免雨水侵袭。

肥料不足 肥料不足开花亦会不佳。花期中时常薄施液肥。

养护要点！

栽苗 通常春季购苗种植，种植间隔为 20~25cm。花坛种植选择光照充足、通风良好的场所，每平方米土壤加入 50g 左右苦土石灰，1~2 桶堆肥，再施用 100g 左右缓效性混合肥料，仔细翻土然后种植。

矮牵牛基本上属于不耐雨水的植物，最近出现一些改良品种，情况得到改善，但大花品种和重瓣品种仍属不耐雨水侵袭的品种，盆栽或花器种植时，建议在避开雨水侵袭的场所进行养护，如屋檐下等。

播种 从播种开始培育也并非难事。发芽的适宜温度为 25℃，温度较高，所以要等到东京樱花（樱花品种）飘落之后在室内播种。种子细小最好播种在泥炭土育苗床上。光敏感种子，无光照不发芽，因此无须覆土。

发芽后的养护 播种后 7~14 日发芽，发芽后控制浇水，给予充足日照，使之长成健康的幼苗。在子叶时期以 3~4cm 的间距种植，真叶长出 2~4 枚时，移植到 7.5cm 左右的塑料营养盆，真叶长出 6、7 枚时定植到花坛或花器中。

回剪 不喜夏季高温，6 月左右将长长的枝回剪至 1/3 或 1/4 处，改善通风。

扦插繁殖 当秋意渐浓，且花朵数量减少之时，将嫩枝切成 5~7cm 长，扦插到珍珠岩和蛭石以 7:3 的比例混制而成的土壤中。用塑料袋盖住以保持湿度，置于温暖的场所养护一个月左右可以生根。然后将幼苗移植到塑料营养盆中移至室内过冬，4 月起开始开花。

小巧多花的"萨菲尼亚"。属于茎伸长的品种，用作吊篮非常美丽。

花繁叶茂的小花矮牵牛"抒情诗雨"。

 要点！

忘记摘残花

花朵接连盛开，不要忘记摘残花，时常保持清洁。

"迷你紫星（Miniflora Purple Star）"
星状纹样，非常美丽。

"棱镜阳光（Prism Sunshine）"黄
色的花朵非常美丽。

种植在草莓罐（strawberry pot）中的重瓣矮牵牛。下方紫色花朵为半边莲，后
方花朵为三色堇。

纯白色的矮牵牛，楚楚动人。

回剪

枝徒长、株形散乱时，需要回剪整形。
可以在任何地方修剪，新芽会从剩下的茎上长出。

1　将徒长的茎从中间剪
断。

2　回剪后的植株。适宜
1 周施用一次液肥。

3　剪下的茎可以用于扦
插繁殖。截取 5cm 长，
摘掉下方叶子。

4　在小塑料营养盆中加
入干净的营养土，扦
插，避免干燥养护，
不久就能生根发芽。

色彩缤纷的小花品种。

红白"萨菲尼亚",双色吊篮。

种植在大型花器中的"抒情诗雨"。图中叶片为番薯"三原色(Tricolor)"和番薯"特勒斯青柠(Terrace Lime)"。

播种

尽管购买花苗培育比较轻松,但是有市售种子的品种从种子阶段开始培育也很容易生长。4—5 月间播种,2~3 个月后可以开花。

1 矮牵牛的种子。种子极小,因此要在泥炭土育苗块或花盆中播种育苗。

2 在吸饱水的泥炭土育苗块上,稀薄均匀地撒入种子。

3 无须覆土,用喷壶喷水,保持介质湿润。

4 发芽的幼苗。等到再长大一些移植到塑料营养盆中。

5 开始开花的花苗。定植在花盆或花器中观赏。

享誉世界的花卉

百合 *Lilium*

月　份	1	2	3	4	5	6	7	8	9	10	11	12
花　期												
栽　种												
挖　根												

百合科 / 秋植球根花卉 ｜ 株高：30~200cm / 花朵直径：10~25cm

花色：红● 粉● 白○ 黄● 橙●

✖ 失败原因！

种植场所与品种不匹配
根据种类不同，有些品种喜欢向阳的地方，有些品种喜欢半背阴场所。根据品种喜好匹配场所进行种植。

浅植球根　百合是借由鳞茎上面的茎部生出的根（上盘根）来吸收养分。如果浅植这个根就不会生长，植株就不能够吸取养分。

害病　百合不耐病毒性疾病，植株生长数年后多数会感染此类病。将害病植株尽早拔去，进行处理。

东方百合杂交系

　　百合是在东亚等地区（主要是日本）大量自然生长的球根花卉，育有许多园艺品种，在世界范围内被广泛栽培。在这之中最具人气的当属华丽的东方百合杂交系（Oriental Lily）。它是基于日本的天香百合和美丽百合选育而成的园艺品种群，美丽的花色，大轮的花朵，散发芳香气味，被誉为百合女王。绽放直径超过20cm 纯白色花朵的"卡萨布兰卡（Casa Blanca）"也很受欢迎，但市面常见品种多数开出粉色或黄色的美丽花朵。百合通常被建议地栽，其中"梦（Le Reve）""蒙娜丽莎（Mona Lisa）"等适合盆栽的低矮类型也颇具人气。

🌱 养护要点！

种植场所　百合栽培最应注意种植场所的选择。如果选择与种类相匹配的环境种植，即使无特殊养护每年也会绽放美丽的花朵。

东方百合杂交系是基于盛开在山地树荫下的天香百合培育出的品种，因此不适宜种植在光照充足的场所。要选种在夏季有背阴处的地方种植。

栽种方法　百合球根须深埋。挖一个深 40cm 左右的种植穴种球根，铺上稻草以免受到地表影响。百合球根不喜干燥，确保一年四季都不要移走稻草。

盆栽　球根个头大，盆栽时不要强行混栽，大约在 6 号深盆中种植一颗球根即可。关键点是将球根种植在花盆的中间位置，约花盆高度的 1/2 处，如果浅植，重要的上盘根将无法长出。（参照 68 页）

肥料　将磷元素和钾元素含量略高的缓效性肥料作为基肥，出芽、花后以及秋季，施用同样的肥料。

立支柱　东方百合杂交系品种花茎多分枝，花朵繁茂盛开，植株可能会因为不堪花朵重负而倒伏。加立支柱予以固定，支撑其生长。

东方百合杂交系"希拉（Sheila）"，绽放美丽的淡粉色花朵。

花朵直径达到 20cm 的大花百合"卡萨布兰卡"，颇具人气。

亚洲百合杂交系

是由岩百合（*Lilium maculatum*）和卷丹等杂交而成的品种群，因其以各种亚洲产百合为母体，而被称作亚洲百合杂交系（Asiatic Lily）。这一品种群的特征为杯形花朵多朝上开，花瓣间有间隙，即所谓的岩百合类型。

🌱 养护要点！

种植场所 百合也有比较难培育的种类，但亚洲百合杂交系属于强健型，即使是新手也可以轻松将其养活养大。喜日照，选择光照充足的场所种植。土质富含腐殖质，排水良好，这点较为重要，避开极端沙质土及重黏土质的土壤。

栽种方法 挖一个大一点的种植穴，深植球根。盆栽时也要选用大一点的深盆，覆土深度要达到球根高度的3~4倍。

花后养护 尽早摘开败的残花，以防结种。

肥料 要尽可能长时间保有叶片，以便球根能够生长壮大，为次年开花做准备。这一点尤为重要，因此花后也要一周施用一次液肥。如果叶片得以生长到10月，那么就会长成一颗结实肥硕的球根。球根不喜干燥，尽量不要挖出来。

奥列莲杂交系

生命力顽强、抗病能力强，是基于台湾百合、岷江百合及麝香百合形成的品种群。花筒长长的，喇叭状的花朵横向盛开，因而得名喇叭形百合，又称喇叭形百合杂交系，其中亦有花朵大朵盛开的品种。花色有橙色、黄色、粉色和白色。最早的品种是在法国奥勒利安（Aurelian）地区培育而成，因此才有了这个名字。

🌱 养护要点！

养护方法同亚洲百合杂交系，是比其更为顽强易生长的品种群。

粉色的亚洲百合杂交系"塞尔玛（Selma）"。

黄色的亚洲百合杂交系品种。

奥列莲杂交种系"粉色完美（Pink Perfection）"，特征是花筒较长。

日本的百合

包含 7 种特有品种在内，日本一共有 15 种自生百合。

自生于半背阴处的种类中，脱颖而出的要属号称女王百合的天香百合。它是花朵直径达到 25cm 的大花百合，散发浓郁香气。自生在伊豆群岛的百合（ *Lilium auratum* var. *platyphyllum* ）被视作天香百合的变种。在同样的半背阴山地上，乙女百合（ *Lilium rubellum* ）和日本百合开出淡粉色惹人怜爱的花朵。

喜好光照的品种有花朵橙红色、花瓣强烈外翻的卷丹，略小型的类似卷丹但不带珠芽的大花卷丹，以及花形似卷丹、花色深粉的美丽百合等。中部以北太平洋一侧的码头处自生的岩百合和北海道海边自生的毛百合，橙色的花朵朝上绽放。琉球列岛自生的麝香百合，花朵颜色纯白、喇叭形，花香怡人，横向盛开，被用作切花花材，在世界范围内被广泛种植。丘陵地区的草原上也可看到花朵直径在 5cm 左右的小型的渥丹或是绽放淡粉色美丽花朵的乙女百合。

纯白色的花朵，作为切花也广受欢迎的麝香百合。

绽放淡粉色美丽花朵的乙女百合。

绽放橙色花朵的大花卷丹。形似卷丹，但叶腋处不生珠芽。

🌱 养护要点！

除高山型种类外，其余种类栽培起来并没有那么困难，只要正确匹配种植场所的光照程度就能欣赏美丽的花朵。

偏爱半背阴环境的天香百合、乙女百合等在春日时节给予充足的日照，待到夏季则要选择植株底部不被照到、球根免受干燥和高温影响的场所。

卷丹、美丽百合等类型选择光照条件良好的场所种植球根。通常花坛会设在光照充足的地方，这些百合可以说是正适合用于花坛种植。

耐寒，无须特殊防寒措施，但麝香百合在秋季生芽，要用塑料薄膜覆盖上，以防霜雪侵袭。

｜ 要点！ ｜

球根深植

百合的根分为从球根底端生出的"下盘根"和从球根长出的茎部生出的"上盘根"。上盘根吸收水分和养分的，如果浅植就会没有上盘根的生长空间，无法吸收水分和养分，新的球根就不会长大。盆栽时尽量深植球根，向盆底处种植。但若只要求开花一次即可，就不需要种植在很深的花盆中。

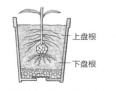

上盘根

下盘根

球根种植 ❶ 庭栽

1 百合球根。与其他球根不同，不喜干燥，因而选购后尽早种植。贮存时也需用报纸等包好。

出芽的球根。春季种植在塑料营养盆中的出芽球根会生根，也可以选用这种球根种植。

2 在花坛中挖一个约 40cm 深的种植穴，每个种植穴依次种植一颗球根。选择相同的品种种植，视觉效果会更好。

3 春季萌芽之时。

4 成功开花的百合（麝香百合）。花后若是追肥，则可 3~5 年无须再特殊打理。

球根种植 ❷ 盆栽

1 准备大一点的花盆。花盆大小视百合种类而定，大型的东方百合杂交系适宜选用深度在 30cm 以上的花盆。

2 在盆底加入大粒赤玉土，再加入营养土直到能够盖住赤玉土，然后放入球根。对于个头大的球根种植一颗即可，如若是小颗球根则可种植 3 颗。

3 在球根上覆土，完成种植。起初只放入一半营养土，移动起来比较轻松。待到春季出芽后，再加入营养土直至花盆边缘下方 2~3cm 处。

梅雨季节熟悉的花卉

绣球花 *Hydrangea*

虎耳草科 / 落叶灌木 | 株高：150~200cm / 花序直径：20~30cm | 别名：紫阳花

花色：蓝● 粉● 白○

月 份	1	2	3	4	5	6	7	8	9	10	11	12
花 期												
种 植												

　　5—7 月的梅雨季开花，初夏的小花木，自古以来就作为庭院花木为人所喜爱。现在在日本被大量栽培的是由伊豆到房总自生的山绣球改良的园艺品种，生命力顽强，植株长势好、强健，可以在日本全国任意地方生长。野生山绣球不具花瓣的两性花周围围绕着装饰花，但园艺品种大多都是装饰花，很华丽。欧洲的改良品种，多以盆花的形式上市出售。

　　近来泽八绣球的许多园艺品种也在市面出售。小型且花色丰富，因而多以盆花形式出售。不喜盛夏阳光直射或是环境干燥，喜好背阴及半背阴场所，即使光照不足也不会开花不佳，推荐种植在房屋北侧等背阴花园中。

　　此外，广泛分布于北美东部，花序呈圆锥形，花朵繁茂盛开的栎叶绣球以及绽放白色花朵的乔木绣球"安娜贝尔（Annabelle）"也颇具人气，常被种植在西式庭院中。

种植在庭院中的绣球花。喜好光照充足的场所，避开干燥的地方。

✖ 失败原因！

营养土干燥 绣球花不喜营养土干燥。盆栽不要忘记浇水。如果种植在庭院中较易干燥的地方，要覆盖植株底部以防干燥。

延迟修剪 秋季会萌发花芽，在那之后修剪，有可能会不小心剪掉花芽。

🌱 养护要点！

栽苗 春秋季售有盆栽苗，可选购种植。不喜干燥，适合种植在树荫下或是房屋北侧等场所。

同被称为西洋绣球的绣球或是小型泽八绣球都有盆花出售。购入盆花后，保持原状置于屋檐下欣赏，等到秋季时再移植。如果情况允许最好每年都重新种植。移植的适宜时期是10—11月及来年2—3月。也可以种植在庭院中观赏。

浇水 不喜营养土干燥，土壤干燥时叶片会萎蔫。盆栽或种植在花器中的，营养土干燥时不要忘记浇水。

庭院种植，如若环境非常干燥，则需要用稻草等覆盖植株底部周边，以防土壤干燥。夏季如遇连续晴天也需要浇水。

肥料 无须特殊施肥，春季少量施用缓效性肥料，植株就会很容易生长。盆栽需要预先混入基肥。

剪掉残花 花朵开败后，残花会长时间留在植株上，剪掉残花，保持清爽。

修剪 山绣球系或泽八绣球系的品种，要在花后立即将开过花的花枝剪去一半左右。留下的花茎上方叶腋处会生出花芽，次年可以开花。如若不回剪，更上方的叶腋处会生出花芽，植株就会变高。

秋季所有花芽已经长出来了，如果不小心可能会错手剪掉花芽，次年被错剪的花枝就不会开花，不得不修剪时，最好一边确认花芽位置一边修剪。

栎叶绣球和"安娜贝尔"，从春季起就会在抽长的枝上生出花芽，初夏开花，因此秋季即使修剪也无妨。

冬季剪掉老枝和细枝。

扦插 可以采用扦插方式繁殖。从6月到7月中旬，腋芽萌生，选取长势不错的枝剪下3节左右的长度，留下上方的两片叶子，其余叶子全部剪掉，将其插入沙石或鹿沼土中。注意避免干燥，养护1~2个月可生根。长出新叶即为生根的信号，然后移植到塑料营养盆中养护。

北美原产"安娜贝尔"，白色的花朵可以很好地搭配其他花朵。

花朵五彩缤纷的泽八绣球系品种，小巧且耐阴。

以叶裂为特征的栎叶绣球。花序呈圆锥形，因此也称其金字塔绣球。

要点！

花后修剪 日本的绣球花要在花后剪去一半左右的花茎。北美原产"安娜贝尔"和栎叶绣球，花后只剪掉残花，秋季再修剪植株。

1 日本产的绣球花要剪去带有2、3对叶片的花茎。

这里生出花芽

2 剪断的花茎。上方的叶腋处会生出花芽，次年开花。

为背阴庭院添彩

凤仙花 *Impatiens*

月 份	1	2	3	4	5	6	7	8	9	10	11	12
花 期												
播 种												
栽 种												

凤仙花科 / 春播一年生草本植物，半耐寒性多年生草本植物 ┃ 株高：30~40cm / 花朵直径：1~7cm ┃ 别名：非洲凤仙花

花色：红● 粉● 橙● 黄● 紫● 白○

凤仙花属据悉是在世界各地的热带地区，分布有 500 种以上的大种群，自古就被用于栽培的东南亚原产凤仙花（*Impatiens balsamina*），由新几内亚原始种改良而成的新几内亚杂交凤仙花（*Impatiens* 'New Guinea hybrids'），及日本各地区的山地自生的野凤仙花同为凤仙花属。

一般以凤仙花名售卖的是原产于非洲热带地区的苏丹凤仙花。除一代杂交品种"超级精灵（Super Elfin）"及"F1 速度（F1 Tempo）"等品种外，种间杂交品种"桑蓓斯（Sunpatiens）"也颇有人气。扦插繁殖的营养系品种也有各种花色，近来还出现了重瓣品种。

无论哪一品种，每日接受 2~3h 光照即可开花，花期也很长，因此被广泛用于背阴花园或光照不足处的花器混栽。在几乎没有光照的地方虽然开花不佳，却可持续绽放。市售有种子、盆栽苗及盆花。

新几内亚杂交凤仙花中有比苏丹凤仙花花大，花朵直径超过 7cm 的大型品种。新几

内亚杂交凤仙花的特征是叶片有黄色或红色斑点，并且还有铜色叶品种。

此外，凤仙花的日文名意为"无法忍受"。果实成熟后，一触即开，种子就会弹出来。

重瓣品种"浮雕白（Cameo White）"。

种植于庭院北侧的凤仙花，不受光照不足的影响，与彩叶草等植物一并用于背阴花园中。

✖ 失败原因！

光照条件过于良好 凤仙花不喜夏日强光照射。夏季养护在树荫下这样的场所。尤其要避开西照日头的照射。

肥料不足 凤仙花较为喜好肥料，花期每月施用 3、4 次液肥。

花盆太小 新几内亚杂交凤仙花容易盘根，将种植在小花盆中的植株重新种植到大一号的花盆中。

要点！

回剪改善通风

不耐暑气，夏季之前宜回剪改善通风，将徒长枝剪去一半左右。

养护要点！

播种 3—5 月播种。1L 种子大约有 1000 粒，是一种极小的种子，因此要播种在小花盆或泥炭土育苗块上。选择蛭石等营养土，或将泥炭藓碾碎使用。光敏感种子，不接受光照无法发芽，因此无须覆土。一旦缺水发芽情况会变糟，因此宜在托盘中贮水，底部给水。保持适当的温度，不缺水的情况下约两周内发芽。

发芽后的养护 真叶长出 3、4 枚时，移植到塑料营养盆中。土壤选择普通的花草用土也无妨。此时施用缓效性肥料作为基肥，之后每周约 1 次，施用同样成分的液肥追肥。

栽苗 花苗长出后定植于花盆或花器中。植株会很大幅度地展开生长，因此要避免密植，将株间距设置为 15cm。

若将市售盆栽苗种植在花坛中，在无须担心迟霜的时节，地面温度完全上升以后再种植。选择半背阴场所种植也无妨，但在夏季要能够避开西照日头。株间距 30cm 左右，特别要注意避免干燥。

花盆或花器的放置场所 植株基本上在向阳处生长，夏季在光线明亮的背阴处容易生长。冬季移至室内，最低温度保持在 10℃ 越冬。

浇水和施肥 盆栽，表层土壤干燥时足量浇水。喜肥，除基肥外还需追肥。

回剪 夏季状态不佳时，剪去一半重新塑形。

扦插 不能靠播种来繁殖的重瓣园艺品种采用扦插的方式繁殖。将剪下的茎截取 5cm 左右扦插在蛭石中，很容易生根并长出新苗。

凤仙花盆栽。深紫色的花朵是半边莲。

大型新几内亚杂交凤仙花。由于它很耐阴，并能根据环境全年持续开花，因此可作为观赏盆花养在室内观赏。

凤仙花。自古就有的园艺植物，耐炎热，夏季也能充满活力，花开不断。近来虽不常见，但是是一种值得再次一见的花卉。

种类繁多的香草家族

鼠尾草 *Salvia*

月 份	1	2	3	4	5	6	7	8	9	10	11	12
花 期												
播 种												
栽 种												

唇形科 / 春播一年生草本植物，耐寒性多年生草本植物 | 株高：30~200cm / 花朵直径：2~7cm

花色：红● 粉● 紫● 白○

一串红，红色的花朵令人印象深刻。还有白色、紫色、橙色等品种。株高约 50cm，花期 7—11 月。原本是多年生草本植物，但因不耐寒，现被视作一年生草本植物。

彩苞鼠尾草，粉色、紫色的花苞非常美丽，春播一年生草本植物，花期 5—8 月，株高约 50cm。

鼠尾草属约有 900 个品种，是一个遍布世界各地的大家族，许多种类被视作装点花坛或花器的园艺植物，同时也被用作香草。

大多数园艺品种是以中南美洲的原产品种为中心培育而成的，如夏季花坛必不可少、盛开鲜红花朵的一串红，绽放浅蓝紫色花朵、给人带来清爽之感的蓝花鼠尾草，开出美丽的粉色花朵的墨西哥鼠尾草以及被用于切花或干花的彩苞鼠尾草，许多种类为人所熟识，园艺品种众多。花期多在 5—11 月，也有全年开花品种。市售有种子、盆栽苗和盆花。

被用作香草的代表品种是原产自地中海沿岸地区的撒尔维亚，也叫药用鼠尾草，自古以来就被用作医用草药和厨用香草。还有叶片颜色与众不同的黄金鼠尾草（Golden Sage）、紫叶鼠尾草（Purple Sage）、三色鼠尾草（Tricolor Sage）等品种。

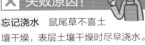

✖ 失败原因！

忘记浇水 鼠尾草不喜土壤干燥，表层土壤干燥时尽早浇水。

肥料不足 鼠尾草喜肥。除了足量施用基肥，生长期要追肥。

未剪掉花茎 一串红等品种花后剪掉花茎，会长出腋芽再度开花。

蓝花鼠尾草，夏季绽放清爽的蓝色花朵。原本为多年生草本植物，但因不耐寒而被视作一年生草本植物。株高30~50cm，花期在7—10月。

充满魅力的墨西哥鼠尾草，开出毛毡样的花朵，为株高超过1m的常绿小灌木，花期在6—10月。

🏷 养护要点！

培育场所 基本上养护在向阳处。一串红及蓝花鼠尾草在日本被视作一年生草本植物，但最低温度保持在5℃以上时可越冬。其他种类为多年生草本植物或小灌木，喜好温暖略干燥的气候。养护时注意环境不要过于潮湿。

播种 一串红等品种很容易用种子培育。发芽的适宜温度较高，因此播种要在进入5月后，最早也需在4月下旬以后进行。种子较小，因此需要播种在小一点的花盆或是泥炭土育苗块等中，注意避免干燥，等待发芽。发芽率不高，建议多埋种。

育苗 真叶长出2、3枚时首次移植，真叶长出4、5枚时暂时植于3号盆中育苗。等到真叶长出7、8枚，植株开始开花时，定植到花盆、花器或花坛中。

栽苗 基本在向阳处生长。不喜干燥，在花坛中混入足量堆肥。完成种植后，当心缺水缺肥。

回剪 一串红等品种花败后剪去花穗，则会长出侧芽，分枝也会增多，会再次接连开出新的花朵。不喜盛夏炎热潮湿的品种，宜在夏季之前回剪花枝使之休眠，等到秋季再次开花。多年生草本植物及小灌木种类如若放置不理，会导致植株徒长，应及时疏枝1、2次。

要点！

回剪使之再次开花

蓝花鼠尾草在花后回剪花茎，会长出新枝，再度开花。

1 在花茎根部用剪刀剪掉。

冬季从植株底部进行修剪

灌木种类的植株会长大，如若碍事，可在冬季从植株底部进行修剪。

2 将所有的花枝从植株底部剪断。

专栏

芳香的代表性香草

撒尔维亚

原产于南欧，是一种株高40~60cm的常绿灌木，花期在6—8月。叶片芳香，似乎被认为有杀菌、助消化、使身体强壮之效，又叫药用鼠尾草。被用作厨用香草、香料、入浴剂等。

●养护要点！

喜光照充足、排水良好的地方。购买盆栽苗种植或是春季播种培育皆可。播种时将3~5粒种子点种于苗床上，最终的株间距设置为40cm。3年左右植株会衰弱，春秋两季可扦插繁殖新株。

原产于墨西哥，多彩缤纷的花卉

百日草 *Zinnia*

月 份	1	2	3	4	5	6	7	8	9	10	11	12
花 期												
播 种												
栽 种												

菊科 / 春播一年生草本植物 ｜ 株高：15~100cm / 花朵直径：3~15cm

花色：红● 粉● 橙● 黄● 白○

夏季亦活力四射，持续盛放的百日草。

以墨西哥为中心，据悉约有 15 种百日草，用于花坛、花器种植的品种有自古以来备受喜爱的百日草（*Zinnia elegans*）和小型的小百日草以及两者的杂交品种"缤纷系列（Profusion）"，还有被称为墨西哥百日草的细叶百日草（*Zinnia haageana*）品种。

百日草花如其名，花期较长，从初夏一直到晚秋花开不断，被用于花坛、种植箱种植或是普通家庭的切花花材。喜强光和炎热干燥，不畏夏季高温，是一种生命力顽强、易生长的花卉，花色极为丰富，甚至有绿色的。拥有从株高 100cm 的高生品种到株高 15~20cm 的矮生品种，花朵直径也从 3cm 至 15cm 不等，多种多样，还有单瓣、重瓣、圆球形等品种。

小百日草花朵直径 3cm 左右，花小，仅有白色、橙色和黄色的，株高约 30cm，植株上大量抽出纤细的花枝，具多花性，适用于花坛种植。百日草与小百日草两者的杂交品种"缤纷系列"取两者长处，是一种色彩丰富的品种。花期在 7—10 月，市售有种子和盆栽苗。

细叶百日草花朵的特征是红黄晕色，株高 40~50cm，花朵直径 4~5cm，有单瓣和重瓣品种。

无论哪个种类，培育方法基本相同。

✕ 失败原因！

环境干燥 夏季容易干燥，足量浇水。

忘记摘残花 尽早摘残花，预防植株老化。拥挤的枝也要予以疏枝。

忘记追肥 开花期长，开花亦佳，多多施肥。

各色百日草盆栽。五彩缤纷，花色丰富是其一大特征。

五彩缤纷，品种繁多的"缤纷系列"。

养护要点！

播种 适宜时期是 4—5 月，以气温上升至 15℃ 的时节为参考。播种在小花钵内育苗，若是 5 月以后可直接播种在花坛或花器中，比较容易生长。将小型百日草等分散播种在花坛中，等到秋季可开出许多花朵。

育苗 发芽后给予充足日照。等到真叶长出 2 枚时，间隔 10cm 移植，真叶长出 4~6 枚时，逐一种植到塑料小花盆中，每个花盆种植一株花苗，等到扎根再定植到花器或花坛中。

栽苗 在向阳处生长。真叶长出 5、6 枚时，以 25~30cm 的间隔定植在光照充足的花坛中。如果推迟定植，植株生长会变得极差，因此诀窍是要尽早种植，足量施肥培育。盆植使用花草用营养土。

浇水 盆栽，表层土壤干燥时给予浇水。地栽，如遇持续干燥则足量浇水。日照强烈，持续干燥，植株会衰弱，花朵也会变小。白天，当叶片看似姜蔫时，足量浇水。

肥料 施用缓效性肥料作为基肥，每月 2~3 次追施液肥。

摘残花 时常摘取开败的残花。种植在花器中时，若置于雨水侵袭不到的屋檐下可长时间观赏花开。

回剪 当百日草不再开花时，回剪至一半左右，重新打理。加立支架支撑植株生长。株高较低的小型百日草等无须这样做。

生命力顽强，胜过百日草，与夏秋花坛最相宜的小百日草。

花形多样，花色多彩，令人惊叹！

大丽花 *Dahlia*

月 份	1	2	3	4	5	6	7	8	9	10	11	12
花 期												
栽 种												
挖 根												

菊科 / 春植球根 ｜ 株高：20~500cm / 花朵直径：2~30cm ｜ 别名：天竺牡丹

花色：红● 粉● 橙● 紫● 黄● 白○

深橘色大花的兰花型品种。

中花的兰花型品种。

黄色大花的仙人掌型品种。

大丽花作为花坛装饰花卉、盆花、切花，是在世界范围内广受喜爱的代表性春植球根花卉，在冷凉的地方从初夏至秋季，可长时间赏花。花形花色的丰富程度在园艺植物中数一数二。根据花形可分为"兰花型""芍药型""仙人掌型""圆球型"等 14 种类型，品种多样，拥有花朵直径超过 26cm 的超大花品种，也有花朵直径在 2~3cm 的极小花品种。此外铜叶品种，可作为彩

色观叶植物欣赏，非常值得一看，也是一种值得推荐的植物。

多数品种为球根花卉，但也有播种后当年开花，株高达 20cm 左右，可以播种繁殖的大丽花。花期在 5—10 月，在温暖地区夏季不开花。市售有球根、盆栽苗、盆花。此外，近来株高超过 5m 的帝王大丽花也很受欢迎。

据悉大丽花有十几种原始种，分布在墨西哥和危地马拉高原一带，据说现在的园

艺品种就是由其中的红大丽花（*Dahlia coccinea*）大丽花（*Dahlia pinnata*）等几个品种改良而成。

✖ 失败原因！

夏季暑气侵袭 大丽花不喜炎热潮湿，夏季尽量置于通风处。温暖地区适宜在梅雨季节结束后回剪。

球根上没有生芽 大丽花球根是否生芽是关键。切开球根时，注意每部分都要有芽。

🌱 养护要点!

选购球根 大丽花不生不定芽，选择颈处没有折损受伤，且芽坚实生在顶端的球根。

种植球根 适宜种植时期是 4—5 月份。选择光照充足、排水良好的场所，足量施用堆肥或有机肥，挖一个 10cm 深的种植穴，以出芽的部分为中心进行种植。覆土大概厚 5cm。若是超大花品种，球根间距需设置为 1m 左右，小花品种的至少也需设置为 50~60cm。盆栽或花器种植时，使用大型容器。

摘芽 出芽后留取 2~3 颗长势良好的幼芽，其余的从其根部摘掉。超大花品种只需留有一根茎。

肥料 种植时施用缓效性肥料作为基肥，在夏季之前和之后同样施用缓效性肥料追肥。

加立支架 小花品种无须面临此问题，大花、中花品种等到茎伸长时加立支架。茎遇台风等强风容易被吹倒，因此需要加立结实的支架。

修剪花茎 花败后立即修剪，会生出腋芽，不久可结出花蕾再次开花。温暖地区盛夏时暑热侵袭，植株生长衰弱，8 月下旬左右在生叶的节之上回剪，为秋季开花做准备。夏季有时白天植株看起来像要萎蔫了，此为生理现象，傍晚会恢复活力的。

挖球根 秋季植株地上部分如有损伤可以剪掉，然后挖出来。将个头大的球根切分成几块，埋在泥炭藓或锯屑中，在不上冻的地方一直保存至春季。切分球根时，必须保留连接球根的茎的基部，因为来年新芽会在此萌发。

复色小花单瓣品种。

左图：小花品种。
右图：小花铜叶品种"午夜月（Midnight Moon）"。黄色花朵与深紫色叶片的对比非常美丽。

〉 要点!

确认球根的芽

大丽花的棒状球根。左侧较细的部分顶端带芽。

花朵枯萎后尽早剪掉

花败后不要忘记剪去残花。

剪掉残花

不摘残花就会结出照片中那样的果实，需要剪掉。不要把它误认为是花蕾。

蓝色的人气富丽花卉

翠雀 *Delphinium*

月　份	1	2	3	4	5	6	7	8	9	10	11	12
花　期						■	■					
播　种									■	■		
栽　种			■	■								

毛茛科 / 秋播一年生、二年生草本植物，耐寒性多年生草本植物 ｜ 株高：30~100cm / 花朵直径：2~4cm ｜ 别名：飞燕草

花色：粉● 黄● 紫● 蓝● 白○

　　澄蓝色的花色为人所爱，在北方与羽扇豆同为夏季花坛的主角，也适合与其他植物一同混栽在大型花器中进行观赏。矮生品种被用作盆栽。翠雀作为插花花材也具有很高的人气，作为切花在市面大量出售。

　　翠雀属是一种分布在北半球温带至寒带地区的植物，据悉有 200 种左右。现在栽培的品种是以欧洲北部至西伯利亚地区的自生品种为基础改良而成的园艺植物，有很多品种。

　　翠雀耐寒且不喜夏季高温。因此原本为多年生草本植物，在日本北海道等地区可以看到较高的大株植株，并结有令人赞叹的花穗，但它们在关东以西地区则难以越夏，将其视作一年生、二年生草本植物种植、观赏较为适宜。秋季播种，次年春季至初夏可观赏到美丽花朵。在温暖地区如若精心养护也可有数年的生命力，但第一年花朵不会繁茂盛开。花期在 6—7 月，市售有种子、盆栽苗、盆花、切花。

　　大花重瓣品种高翠雀花（Elatum）系包括高生品种"太平洋巨人（Pacific Giant）"，矮生品种"魔术喷泉（Magic Fountains）"，"极光（Aurora）"等。清丽的单瓣颠茄（Belladonna）组翠雀（Grandiflorum）系，稀有的鲑鱼粉色的"卡洛琳公主（Princess Caroline）"等也极具人气。另外，红花的深红翠雀（*Delphinium cardinale*）和黄花的翠雀（*Delphinium zalil*）等原始种及其杂交品种可购买到种子。

美丽的大花重瓣粉色品种。

单瓣的翠雀系园艺品种。

大花重瓣品种"极光薰衣草（Aurora Lavender）"。

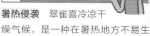

✘ 失败原因！

暑热侵袭　翠雀喜冷凉干燥气候，是一种在暑热地方不易生长的花卉。

严寒侵袭　翠雀虽然耐寒，但秋季刚刚种下的花苗可能会因为霜柱⊖而无法扎根，从而枯萎。采用覆盖覆盖物等措施防霜防霜柱。

⊖　也叫地冰花，是土壤中的水分在地表结冰形成的长几厘米的细长冰柱。

养护要点！

播种 9—10 月播种。在浅盆里装入排水良好的干净营养土，然后播种，轻薄覆土，避免干燥养护，1~3 周发芽。

育苗 真叶长出 3、4 枚时，移植到 3 号塑料营养盆中。翠雀耐寒，但也要防霜，避开强降霜、强降雪。要注意，加温可能会产生反效果。真叶长出 2、3 枚时，选择直径 7.5~9cm 的塑料营养盆上盆。

栽苗 秋季播种培育的花苗，等到在塑料营养盆中扎根时进行定植。小心作业以免伤到根系。12 月中旬前定植到光线充足的花坛中。在温暖地区也可将苗置于有朝阳照射，光线明亮的背阴处。这一时期也较易买到盆栽苗。在花坛中混入石灰中和土壤酸度，以 30~40cm 株间距，如果可能，稍稍培土种植。如果担心霜冻可以采用覆盖稻草等措施防霜。

肥料 适量施用缓效性肥料和堆肥作为基肥，然后深耕土壤。盆栽时在花草用土中混入占总土量三成左右的堆肥，选择排水、保肥能力强的土壤进行种植。春季茎抽长出来后，追施磷元素、钾元素含量较高的缓效性肥料。

浇水 表层土壤干燥时足量浇水。

加立支架 到了 4—5 月，花茎开始伸长，容易被风吹倒。花茎伸长时加立支架支撑其生长。

大花的重瓣"极光天空蓝（Aurora Sky Blue）"。紫色的花朵为紫红柳穿鱼。

翠雀系园艺品种。

种类繁多，乐趣无穷

秋海棠（属）*Begonia*

月　份	1	2	3	4	5	6	7	8	9	10	11	12
花　期												
播　种												
栽　种												

秋海棠科 / 春播一年生草本植物，非耐寒性多年生草本植物，球根植物 | 株高：15~40cm / 花朵直径：1~20cm

花色：白○　红●　粉●　橙●

　　秋海棠属的原始种遍布世界各地，从热带到亚热带地区有约 900 种原始种为人所知，在此基础上培育有众多园艺品种。代表性品种有冬季以盆花形式上市的丽格海棠，还有直立型秋海棠、球根秋海棠等。首先来了解一下可用于花坛种植的四季海棠。

　　四季海棠从春季到霜降的很长一段时间里会接连绽放惹人怜爱的小花。盆栽如果养护在 10℃ 以上的环境中，冬季也可开花不断，因而亦称其四季开花性秋海棠。种在室外观赏时，四季海棠被视为春播一年生草本植物，耐修剪、多分枝，株形繁茂，多被用于花坛或花器混栽，以及吊篮装饰等，作为绿雕材料也颇为合适。市售有种子、盆栽苗及盆花。

　　原产地为巴西，自 1828 年秋海棠被引入欧洲以后得到了很大改进，直至得到了我们今天看到的紧凑株形。

繁茂盛开的四季海棠盆栽。

❌ 失败原因！

过量浇水　秋海棠不喜营养土过于潮湿。表层土壤干燥时浇水。

严寒侵袭　四季海棠耐寒，其他的很多品种无法在室外越冬。冬季移至室内养护。

要点！

回剪与养护　四季海棠，开花后回剪会长出新芽，花朵再度美丽盛开。

1　将生长过长的茎回剪至一半左右。

2　剪掉枯萎或受伤的叶片。

3　回剪完毕的植株，很快就能长出新芽。适宜施用些液肥。

四季海棠

四季海棠生命力极为顽强。如果冬季气温可以维持在 10℃左右，植株即可越冬。但人们多视其为一年生草本植物。冬季置于向阳处，或是光线明亮的背阴处养护。表层土壤开始干燥时足量浇水。花朵开败后将植株回剪至一半左右，促进新芽萌发。播种的适宜时期是 4—5 月。

🌱 养护要点！

养护场所 秋海棠属中的多数品种喜好半背阴环境，但原始种则喜好充足光照。购入的盆花应置于光照条件良好的窗边、阳台或露台上养护。

栽苗 盆栽苗应栽种在光照充足的花坛或花器中。适宜时期为 4—6 月，但其实除了严冬之外，任何时候都可栽种。

播种 四季海棠也可以很容易地从种子阶段开始培育。原本适宜播种时期是 4—5 月，但若于 2 月左右在温暖的室内播种育苗，植株亦可极早开花。光敏感种子，不接受光照无法发芽，因此无须覆土。底面给水，以防种子被冲走。

育苗 用透明塑料袋罩住幼苗，置于日光灯下，20 天左右即可发芽。发芽后将苗移至光照充足的窗边。待长出 2、3 枚真叶的时候再移植。4 月下旬将苗移植到 2.5 号花盆中，进入 5 月后在室外阳光充足的地方养护，大概从 6 月起就可以赏花了。

浇水与施肥 土壤变白、变干燥后立即浇水。除浇水外，每隔 10 天薄施一次液肥。

直立型秋海棠

茎直立生长的秋海棠，多为四季开花性品种，置于窗边可全年赏花。花茎分 3~7 个叉，雄花持续开放，最后花序中只剩下雌花的大花簇垂下。根据茎的性质分为竹茎型、丛生型、多肉茎型、藤蔓型四种，每种类型都有很多品种。

🌱 养护要点！

直立型秋海棠不耐寒，冬季置于室内养护。购入的盆栽植株，冬季置于南向室内的窗边，透过蕾丝窗帘接受光照，春秋两季置于遮光 50% 的户外，夏季要置于遮光 70%~80% 的位置。喜好较高的空气湿度，夏季早上、白天、夜晚要每天三次浇水（用喷雾器叶面给水）。盆土表层土壤变白、干燥时，足量浇水。5 月、6 月和 9 月施用缓效性肥料，观察植株状况补充液肥来追肥。生长期扦插育苗。

直立型秋海棠。

橙色花朵的四季海棠。

丽格海棠

丽格海棠是于 1885 年在英国经早期球根秋海棠与冬季开花的根茎型秋海棠杂交而成的园艺品种。此后在欧洲各国不断被改良，选育出众多品种。有形似球根秋海棠的重瓣大花型品种，也有生圆形叶片的中花型品种，种类繁多，花色多样，令人赞叹。随着栽培技术的进步，现如今开花植株几乎全年都可买到。

🌱 养护要点！

养护要点几乎与四季海棠相同。9 月末到次年 4 月，温度维持在 10℃以上，置于明亮的窗边观赏。表层土壤开始干燥时足量浇水。约一周一次用花草用液肥追肥。

春季以后置于遮光 30%~40% 处，夏季在遮光 70%~80% 处，使之处于凉爽状态。过于潮湿会烂根，因此表层土壤干透时再浇水。

丽格海棠。

香气怡人的代表性香草

薰衣草 *Lavandula*

唇形科 / 多年生草本植物 ｜ 株高：30~150cm / 花朵直径：0.5~1cm

花色：粉● 紫● 蓝● 白○

月 份	1	2	3	4	5	6	7	8	9	10	11	12
花 期												
播 种												
栽 种												

英国薰衣草。

英国薰衣草的白花品种。

薰衣草蓝紫色花朵吐露芬芳，花香溢满整个初夏庭院，是香草的代表性品种。原产于地中海沿岸地区，自古以来就在欧洲流行，被用于干花、香草枕头、沐浴剂、染色等各个领域。

市面常见的有被称为英国薰衣草的薰衣草（*Lavandula angustifolia*）及其杂交品种，还有被称为法国薰衣草的西班牙薰衣草（*Lavandula stoechas*），以及齿叶薰衣草（*Lavandula dentata*）等品种。盛开深紫色花朵且植株较大的英国薰衣草令人印象深刻，不耐热，适合生长在像日本北海道那样的冷凉地区。日本关东以西的平原地区则很容易种出花色略淡的法国薰衣草。

无论哪种薰衣草品种均含有精油成分，用手触摸时能闻到馥郁香气。花期在5—9月，市售有种子、盆栽苗及盆花。

❌ 失败原因！

暑气侵袭 薰衣草不喜炎热潮湿。夏季尽量保持凉爽通风。

过于潮湿 尤其在夏季，要当心环境过于潮湿。排水不畅的地方最好培土种植。

法国薰衣草的园艺品种，
白色的苞片分外美丽。

🌱 养护要点！

播种 4—5 月时将种子撒播在小花盆中，等到真叶长出 6 枚左右时，移植到塑料营养盆中，扎根后再定植。薰衣草发芽、生长都很缓慢，育苗需要耐心。

栽苗 薰衣草喜向阳、排水良好的碱性土壤。不喜潮湿环境，最好培土 20~30cm 高再行种植。种植在花盆或花器中时，要选择混有 30% 的鹿沼土和浮岩的排水性良好的土壤。

肥料 施用缓效性肥料作为基肥，观察植株状况，以磷元素和钾元素为主的液肥做追肥。

修剪 薰衣草不耐热，不喜暑气侵袭，开花后，整株略微修剪，疏枝，连带着收获花朵。诀窍是较大的植株在底部向上的 1/3 处修剪，偏小的植株从花穗下叶 2~4 枚处修剪。

扦插 原株移植比较困难，采用扦插的方式繁殖。适宜时期是春秋两季，并使用尚未木质化的新枝。

冬季养护 薰衣草耐寒，无须防寒措施。

法国薰衣草。

花紧凑的"孟斯泰德（Munstead）"，英国薰衣草的一种，生命力顽强，易栽培。

与花坛、长条花盆最相宜

藿香蓟 *Ageratum*

月　份	1	2	3	4	5	6	7	8	9	10	11	12
花　期												
播　种												
栽　种												

菊科 / 春播一年生草本植物 | 株高：20~60cm / 花朵直径：1~1.5cm

花色：蓝● 紫● 粉● 白○

原产于中南美洲，在原产地被视作多年生草本植物，但作为园艺植物时则被视作春播一年生草本植物。从株高 20cm 的矮生品种到株高 60cm 的高生品种，加上花色的变化，品种繁多。30~50 朵线状花聚集在一起接连开花，给人留下柔美清爽的印象。从春到秋可长时间赏花，特别是开花良好的高生品种，即使作为切花也能保持一个月左右的花期。

❌ 失败原因！

光照不足 藿香蓟生命力顽强，但若光照不足亦会开花不佳。

忘记摘残花 矮生品种要记得摘残花，勤于打理。

🌱 养护要点！

选购花苗 从春季到初夏市售盆栽苗只以花色进行区分，大多数花苗没有特定品种。如果对品种有要求，建议播种培育。购买花苗时，选择叶片数量多，茎挺拔的植株。

播种 播种在泥炭土育苗块上，盖上报纸，发芽后将苗移至向阳处，等到真叶长出 4 枚左右时移植到花盆中。使用将赤玉土和泥炭藓以 7：3 的比例混合的营养土。

栽种 4—6 月养护在光照充足、排水良好的场所，以 20cm 左右的间隔进行定植。对于土质无特殊要求。

肥料 栽培在塑料营养盆中时，每周施用一次液肥。定植时，每平方米营养土中混入 20L 堆肥，50g 缓效性肥料。定植后controlled控肥。

浇水 藿香蓟稍微有些不耐干旱，注意避免环境干燥。

盆栽球根花卉，省时便利

朱顶红 *Hippeastrum*

月　份	1	2	3	4	5	6	7	8	9	10	11	12
花　期												
栽　种												
挖　根												

石蒜科 / 春植球根花卉 | 株高：60~90cm / 花朵直径：8~15cm | 别名：孤挺花

花色：红● 粉● 白○

原产于南美洲。现在栽培的园艺品种是几种品种杂交而来的。最常在市面上见到的是荷兰培育的巨大花"路德维希（Ludwig）"系品种，在日本以进口盆栽球根作为主要流通方式。叶片肉厚，从植株中央抽出粗壮的花茎，直立挺拔，顶端生有 3、4 朵大花，横向盛开。花色、花形、花朵大小因品种而异，富于变化，您可根据喜好或整体协调性进行选择。

❌ 失败原因！

冬季浇水 盆栽连盆一同放置在干燥、不结冰的场所越冬。

🌱 养护要点！

选购球根 选择白色主根粗壮且苗壮生长的球根。

盆栽 以 5、6 号盆中种植一颗球根为基准，周长超过 27cm 的大球根需要种植在 7 号盆中。以球根顶部隐约可见的程度浅植。

地栽 以 20cm 左右株间距覆土，使球根顶部稍微露出土表。

肥料 地栽时，花后每平方米土壤约施用 50g 缓效性肥料，将其撒在球根的间隙中。盆栽需要每颗球根施用 5~10g 缓效性肥料。

浇水 盆栽，种植后不久即在球根周围足量浇水。此后在生根萌芽前控制浇水，谨遵这一原则。自新芽萌发的春季起，表层土壤干燥时浇水。

移植 早春时节，将之前的营养土全部抖落干净，选择市售盆花用营养土重新种植。

蓝星花 *Evolvulus nuttallianus*

蓝色花朵装扮整个夏季，适用作吊篮的多年生草本植物

月 份	1	2	3	4	5	6	7	8	9	10	11	12
花 期					▨	▨	▨	▨	▨	▨		
栽 种				▨								
扦 插					▨	▨	▨	▨	▨			

旋花科／非耐寒性多年生草本植物｜株高：20~60cm／花朵直径：1~2cm｜别名：土丁桂

花色：蓝●

分布在美国蒙大拿州、南达科他州至得克萨斯州、亚利桑那州地区。每朵花的花期只有一天，开花良好，从初夏至秋季持续绽放许多美丽的蓝色小花。蓝星花具半蔓性，茎长长地伸出且下垂，因此适用于吊篮种植，也被用作种植器花园的镶边植物。从春至夏，市售有盆栽苗、盆花，应选购多枝且枝条均匀向四周生长的植株。

✖ 失败原因！

叶片不洁 地栽，如果叶片背面不干净，易生病虫害，需注意。铺设稻草席等防止雨滴飞溅。

环境干燥 蓝星花喜光照，也具有耐旱性，但缺水时，叶片偶尔会萎蔫。

☘ 养护要点！

栽种 过早栽种可能难以扎根，待到四月中旬，栽种在赤玉土和泥炭藓以 7 : 3 比例混制的营养土中，栽种时注意不要破坏根球。

浇水 表层土壤干透前浇水。夏季早晚两次。干叶片萎蔫的盆栽植株，将花盆浸在装满水的桶中直至植株恢复活力。

肥料 在 5 号盆中施用 10g 左右的缓效性肥料作为基肥。种植后的 2~3 周间，每周施肥一次。此后每月薄施 2、3 次液肥。

冬季养护 置于日照充足的室内窗边养护，控制浇水。温暖地区置于南向阳台或屋檐下，植株亦可过冬。

繁殖方法 扦插繁殖。5 月中旬至 9 月中旬，选取生长良好的枝条在枝梢处截取 5~8cm，泡水，摘掉下面的叶子，插入蛭石中，深度为 2~3cm。

勋章菊 *Gazania*

花叶明艳，令人难忘

月 份	1	2	3	4	5	6	7	8	9	10	11	12
花 期					▨	▨	▨	▨	▨	▨		
播 种			▨	▨								
栽 种				▨	▨							

菊科／春播一年生草本植物、半耐寒性多年生草本植物｜株高：20~30cm／花朵直径：4~8cm

花色：粉● 橙● 黄● 白○

原产于南非。它的特征是花瓣基部嵌有复杂多样的纹样，花色对比明显。花朵朝开夕闭。阴雨天花朵闭合不开为其特性，因此适宜栽植在光照充足的花坛中或室外花器栽培。不适合用作切花。叶片是从植株底部生出的根出叶，正面是灰绿色，背面是银白色。装点花坛边缘或作为观叶植物用以欣赏。

✖ 失败原因！

忘记摘残花 枯萎的花朵若不进行打理，等到结种时会吸收植株养分，在花茎的根部进行修剪。

置于暗处 炎热潮湿的盛夏移至通风明亮的背阴处。如果光线过暗、光照不足，即使植株结花苞也不会开花。

☘ 养护要点！

种植 在花盆或泥炭土育苗块中播种，等到真叶长出 3 枚左右时，定植在花盆或长条花盆中，养护在光线充足、通风良好的场所。

浇水 从春到秋的生长期，表层土壤干燥时浇水。生长放缓的冬季，表层土壤干燥时，两日后再浇水。勋章菊不喜潮湿，注意不要过量浇水，保持干燥状态养护。

肥料 将缓效性肥料作为基肥，预先混入土壤中。花朵接连盛开的生长期定期以液肥做追肥，避免肥料耗尽。秋季开花结束后不必再施肥。

移植 盆栽，满根后重新种植在大一号的花盆中。地栽，植株长大后分株移植。

干燥后的花朵可用于制作花草茶

洋甘菊 *Chamomile*

月 份	1	2	3	4	5	6	7	8	9	10	11	12
花 期												
播 种												
栽 种												

菊科 / 秋播一年生草本植物，耐寒性多年生草本植物 | 株高：30~60cm / 花朵直径：2~3cm | 别名：甘菊

花色：白○ 黄●

一年生草本植物，直立生长的母菊是代表性品种。花朵散发青苹果般的甘甜香气。伏地生长的果香菊为多年生草本植物，也可被用作地被植物。花朵同样具有青苹果般的香气，但比母菊开花数量少。不论哪一品种用作花草茶时，均在开花后的第二天摘取花朵进行干燥为宜。盛开黄色花朵的黄春菊也被用于染色。

❎ 失败原因！

通风不佳 养护在阳台等场所时，4 月以后可能会生蚜虫。如果使用了杀虫剂驱虫，则不能再将其用于制作花草茶。

🌱 养护要点！

播种 移植栽培时，在光照充足的场所制作苗床，或者播种在装有小粒赤玉土的花盆中，播种时注意避免种子堆叠。

栽种 如果栽种约 5cm 高的植株，要在轻轻翻耕过土壤时，取 20~30cm 株间距，2、3 株一起种植。

肥料 种植母菊时，在土壤中混入缓效性肥料作为基肥，此外无须再施肥。果香菊花期与花后需少量施肥。生长不佳时隔周数次施用液肥。

浇水 表层土壤干燥时足量浇水。为了防止烂根，排水性良好的土壤尤为重要，但总体而言，洋甘菊喜好偏湿土壤，环境过于干燥时植株不能茁壮生长。

移植 果香菊在植株变老时，春季分株移植。

明艳的花色在夏日艳阳下闪耀

黄秋英 *Cosmos sulphureus*

月 份	1	2	3	4	5	6	7	8	9	10	11	12
花 期												
播 种												
栽 种												

菊科 / 春播一年生草本植物，非耐寒性多年生草本植物 | 株高：30~100cm / 花朵直径：3~5cm | 别名：硫华菊

花色：黄● 橙●

原产于墨西哥。波斯菊的一种，植株较低，花开得很早。顽强易生长，盛夏时节也能充满活力地生长。如果在花坛中大量种植会令人印象深刻。日本培育的红色品种"落日（Sunset）"、重瓣品种"明灯（Bright Light）"、半重瓣品种"鬼怪（Diabolo）"等虽为人熟识，但若是种植在花器或花盆中时，较矮的品种"阳光（Sunny）"最为合适。

❎ 失败原因！

忘记摘残花 枯萎的花朵若不加以打理，等到结种时会吸收植株养分，要时常摘残花。

过量施肥 过量施肥会导致叶片徒长，开花不佳。

🌱 养护要点！

播种 适宜时期是 4—8 月。可直接播种，一边间苗一边育苗，也可以播种在泥炭土育苗块中育苗，长大后再行栽种。春季播种、夏季开花，夏季播种、秋季开花，错时播种可长时间赏花。

肥料 如若种植在富含腐叶土等有机质的肥沃土壤中，则无须施肥。生长不佳时，每月 1 次，施用液肥。

浇水 黄秋英耐干旱，但环境极端干燥则会阻碍植株生长。表层土壤干燥时，足量浇水。

花色丰富，花形多样，装点庭院，大放异彩

金鱼草 *Antirrhinum majus*

月 份	1	2	3	4	5	6	7	8	9	10	11	12
花 期												
播 种												
栽 种												

车前科 / 秋播一年生草本植物，耐寒性多年生草本植物 | 株高：15~100cm / 花朵直径：3~4.5cm | 别名：龙头花

花色：红● 粉● 橙● 黄● 白○

原产于地中海沿岸地区，原本为多年生草本植物，但作为园艺植物时被视作秋播一年生草本植物。色彩缤纷，花形多样，有的花朵形似金鱼因而得名金鱼草，也有的花形如同悬垂的吊钟或铃铛。从矮生品种到高生品种，株高各不相同，给人的印象多为夏季花坛的点缀。但也有许多四季开花品种且开花良好，在各式各样的庭院中大放异彩。

❌ 失败原因！

强寒侵袭 尽管金鱼草具有耐寒性，但对强寒、霜冻的抵抗力较弱，因此需要采取覆盖覆盖物等措施加以防寒。

🌱 养护要点！

播种 播种在平盆、育苗盒或泥炭土育苗块中，发芽需光照，因此无须覆土。

栽种 幼苗时稍微遮光培育，等到真叶开始长出，移至光照和通风条件良好的地方，以 2~3cm 的间距间苗，待到真叶长出 4~6 枚时，上盆，等到扎根后以 15~20cm 的株间距定植。

肥料 金鱼草不喜酸性土壤，将苦土石灰、堆肥、腐叶土混入土壤中，施用缓效性肥料作为基肥。生长期，每月一次，在植株基部少量撒些缓效性肥料。

浇水 气温升高后容易缺水，表层土壤干燥时，尽早足量浇水。

随时观赏，入门级花卉

天竺葵 *Pelargonium*

月 份	1	2	3	4	5	6	7	8	9	10	11	12
花 期												
栽 种												
扦 插												

牻牛儿苗科 / 非耐寒性多年生草本植物 | 株高：20~100cm / 花朵直径：3~4cm | 别名：马蹄纹天竺葵

花色：红● 粉● 橙● 紫● 白○

强健耐干旱，且开花期长，回剪后可数次开花，一年四季都能赏花。可以说，即使对于养花新手而言，天竺葵也是一种栽培失败可能性较小的植物。在日本也可地栽，但因其不喜炎热潮湿，通常将其种植在花盆或长条花盆中，置于光照充足的屋檐下观赏。除了矮生品种和高生品种，还有横向展开生长的藤叶天竺葵组品种。叶片也有很多类型，如嵌有斑点的叶片和形似枫叶的叶片。

❌ 失败原因！

土壤酸性 天竺葵不喜强酸性土壤。采用苦土石灰等调节土壤酸度。

氮元素含量过高 高氮肥容易导致叶片徒长，开花不佳。

🌱 养护要点！

栽种 将赤玉土和泥炭藓以 7:3 的比例配制成营养土，将盆栽苗种植在营养土中。天竺葵喜排水良好的土壤，因此要在花盆底多铺一些盆底石。

肥料 种植时，在土壤中混入缓效性肥料作为基肥。夏季和冬季之外，少量追肥。

浇水 盆栽，基本遵循不干不浇、浇则浇透原则。冬季干燥养护。

回剪 春季花朵开败后，将植株回剪至一半或 1/3 处。待到秋季可再度开花。

繁殖方法 采用扦插方式繁殖比较简单。适宜时期是 5~6 月和 9 月上旬至 10 月间。从长势良好的枝条处截取 2、3 节，长约 6~10cm，在节下方剪断，等到切口干燥后将其插入蛭石中。

品种丰富，观赏方式多种多样

石竹 *Dianthus*

月份	1	2	3	4	5	6	7	8	9	10	11	12
花期				■	■	■	■					
播种									■	■		
栽种			■	■						■	■	

石竹科 / 一年生草本植物，耐寒性多年生草本植物 | 株高：10~80cm / 花朵直径：1~3cm

花色：红● 粉● 白○

石竹是除了康乃馨外，石竹属植物的统称。约有 300 种原始种，主要分布在亚洲和欧洲地区，在花朵美丽的品种基础上，培育出了许多园艺品种。在日本很早就流行种植石竹，此外石竹（*Dianthus chinensis*）、须苞石竹、长萼瞿麦，以及石竹和康乃馨的杂交品种，各种各样的品种为人们所喜爱。

🔧 养护要点！

栽种　无论哪个品种均有很强的耐寒性，大多不喜炎热潮湿，喜好略微凉爽的气候，应选取通风、光照充足的场所，种植在排水良好、富含腐殖质的营养土中。此外石竹不喜酸性土壤，若土壤酸性较高，使用苦土石灰调节土壤酸度。

肥料　除了施用缓效性肥料作为基肥外，在生长期每月薄施 1、2 次液肥即可。

浇水　石竹不喜土壤过湿，表层土壤干透后再浇水，保持略微干燥进行养护。

繁殖方法　被视作一年生草本植物的品种不可播种繁殖。发芽的适宜温度为 15~20℃，若在 9—10 月播种，一周左右即可发芽。发芽后，等到真叶长出 5、6 枚时移植到花盆中。

❌ 失败原因！

过量施肥　过量施肥时植株易得立枯病。此外还要注意不能过于潮湿。

色彩缤纷，夏季庭院的常规花卉

马鞭草 *Verbena*

月份	1	2	3	4	5	6	7	8	9	10	11	12
花期					■	■	■	■	■	■		
播种			■	■	■							
栽种				■	■	■						

马鞭草科 / 一年生草本植物，半耐寒性多年生草本植物 | 株高：10~30cm / 花朵直径：1~2.5cm

花色：红● 粉● 白○ 蓝● 紫● 橙●

原产地为以中南美洲为中心的地区，约分布有 250 种原始种。以园艺为目的进行栽培的是一种杂交品种，大致分为播种繁殖的一年生草本植物和统称为宿根马鞭草的多年生草本植物。无论哪种品种均具匍匐性，植株横向展开，不惧夏季高温，从春至秋持续开花，不仅可用于装饰吊篮、花器，还可用作地被植物。

🔧 养护要点！

播种　种子发芽需要一些时间，避免干燥养护，直至萌芽。覆土要达到看不见种子的程度。既可以直接播种种植，也可以将苗先移植到塑料营养盆中养护，然后再定植。

肥料　施用缓效性肥料作为基肥即可。感觉肥料不足时，薄施花草用液肥。小心不可过量施肥。

浇水　表层土壤干燥时足量浇水。马鞭草耐干旱，不喜潮湿，注意不可过量浇水。

繁殖方法　宿根性品种，6 月左右采用扦插方式繁殖。择选生长良好的茎，泡水后进行扦插。

❌ 失败原因！

病虫害　新芽会生蚜虫，盛夏会生红蜘蛛、白粉病，但是不致命。撒些药剂加以防范。

花开形似风铃，俏皮可爱的花卉

倒挂金钟 *Fuchsia*

月份	1	2	3	4	5	6	7	8	9	10	11	12
花期												
栽种												
扦插												

柳叶菜科 / 非耐寒性常绿灌木 | 株高：20~300cm / 花朵直径：1~6cm | 别名：灯笼花

花色：紫● 红● 粉● 白○ 橙●

以中南美洲为中心的地区约分布有 100 种原始种。据悉园艺品种有 3000 多种，枝易于生长，常用作吊篮或花架装饰植物，主要以盆栽形式为人喜爱。由叶根部长出的花茎顶端开有朝向向下的花朵，形似风铃，有单瓣的、半重瓣的、重瓣的。按株形分为枝条坚硬而直立的灌木型和枝条柔软且下垂的藤本型。

✕ 失败原因！

浇水不当 如果完全干燥则植株会枯萎，持续潮湿又会烂根。注意观察土壤状况。

忘记摘残花 开败的残花如若不加以打理，结种会导致之后开花不佳。花后剪掉花茎。

⚘ 养护要点！

栽种 将赤玉土和腐叶土以 7:3 的比例混合制成基本营养土。

肥料 4~6 月和 9~10 月以每周一次的频率薄施液肥。盛夏和冬季无须施肥。

浇水 表层土壤干燥时，立即足量浇水。

繁殖方法 扦插繁殖。适宜时期是气温为 15~25℃的早春和初秋时节。剪取枝条顶端的 3、4 节，插入蛭石内，注意不要让插穗缺水并且养护在背阴处，3 周左右可生根。

移植 在根系爬满花盆前，重新种植在大一号的花盆中。大约每隔两年换一次盆。

冬季养护 叶子掉落不代表植株枯萎。偶尔浇水以防土壤干燥。

初夏至晚秋，庭院中必不可少的花卉

万寿菊 *Tagetes*

月份	1	2	3	4	5	6	7	8	9	10	11	12
花期												
播种												
栽种												

菊科 / 春播一年生草本植物 | 株高：15~100cm / 花朵直径：1~12cm | 别名：孔雀草

花色：红● 橙● 黄● 白○

原产地在墨西哥，在中南美洲约分布有 50 种原始种，栽培种分为孔雀草系和万寿菊两大系。万寿菊系为大花高品种。孔雀草系株形紧凑，具小花多花性。两系品种原本都为多年生草本植物，但因不耐寒、热，均被视作一年生草本植物。花的种类丰富、花期较长，可从初夏开至晚秋，是庭院中必不可少的花卉。

✕ 失败原因！

环境干燥 水量不足植株会即刻萎蔫。

忘记摘残花 为使花朵繁茂，应时常摘残花，这点尤为重要。

⚘ 养护要点！

播种 在花盆中播种数粒种子，发芽后移至向阳处，以一周一次的频率施用液肥，孔雀草系可直接在花坛里播种。

栽种 在庭院中栽种花苗时，稍稍密植一些。孔雀草系株间距设置为 10~15cm，万寿菊系的株间距设置为 20cm 左右即可。盆栽需要更密植一些。

肥料 地栽、盆栽都需施用缓效性肥料作为基肥。夏季以外的时节，每月两次以液肥做追肥，但要当心氮元素过量。

浇水 盆栽时，早晚足量浇水。地栽，若一周以上没有降雨，则需三天浇一次水。但请注意，植株不喜潮湿环境，避免过量浇水。

花色富于变化，能够越冬的灌木

马缨丹 *Lantana*

月 份	1	2	3	4	5	6	7	8	9	10	11	12
花 期												
栽 种												
移 植												

马鞭草科 / 半耐寒性常绿小灌木｜株高：20~200cm／花朵直径：约0.5cm（花序直径：2.5~5cm）｜别名：七变花

花色：白○　粉●　紫●　橙●　红●　黄●

在中南美洲约分布有150种原始种。通常称为马缨丹的品种是指马缨丹（*Lantana camara*）及其园艺种，这是一类株高约1m的灌木，与另一个被称为蔓马缨丹的品种都是叶小、茎横向生长的。无论哪一品种均有较强的耐寒性，因此若是在气温不低于7~8℃的温暖地区，即使是在室外也可越冬。花色随着开花进度而变，此为其一大特征。

❌ 失败原因！

光照不足　光照不足，开花亦会不佳。
忘记换盆　生长旺盛，盆栽每年要重新种植在大一号的花盆中。

🔧 养护要点！

选购花苗　花色会发生变化，如果对庭院色系有要求，则要在购买盆苗或盆花时选择标签上有开花图片的品种，或是能够确认花色的品种。
肥料　在接连开花的生长期，将缓效性肥料撒在植株基部就足够了。
浇水　表层土壤干燥时足量浇水。缺水植株会萎蔫，但植株本身较耐干燥。在植株停止生长的冬季，环境干燥些也无妨。土壤过湿会伤害植株根部，需注意。如若是植株已经牢牢扎根的地栽，则无须特意浇水。
繁殖方法　扦插繁殖。适宜时期为6—7月。在新枝枝梢处截取6~10cm，泡水后插到小粒赤玉土等土壤中。盖上保鲜膜在半背阴场所放置两周左右，约一个月即可生根，达到可移植的状态。

适用于吊篮的多花性品种

半边莲 *Lobelia*

月 份	1	2	3	4	5	6	7	8	9	10	11	12
花 期												
播 种												
栽 种												

桔梗科 / 秋播一年生草本植物｜株高：10~25cm／花朵直径：1~1.5cm｜别名：山梗菜

花色：蓝●　紫●　白○　粉●

蝶形小花繁茂盛开，覆盖整棵植株，花色以蓝、紫色系偏多，有花朵中心嵌有"白眼"的品种，也有双色开花品种。花瓣具有光泽，花色随光线角度变化而产生微妙的变化，是其一大特征。植株低矮、分枝多，适合吊起来栽培。原始种约有400种；园艺品种有原产于南非的六倍利（*Lobelia erinus*）及其园艺品种。

❌ 失败原因！

土质不佳　幼苗容易从植株基部腐烂，应使用干净的市售营养土。
严寒侵袭　植株相对容易越冬。但在气温低于0℃的寒冷地区，需要进行防寒保护。

🔧 养护要点！

播种　播种在吸饱水的泥炭土育苗块、花盆或育苗盆中，种子为光敏感种子，因此无须覆土。发芽后数次间苗，等到真叶长出2~4枚时，间隔2~3cm种植。2—3月时移植。
肥料　开花良好，花期长。除了施用缓效性肥料作为基肥，生长期一月数次薄施液肥。注意避免肥料耗尽。
浇水　半边莲喜略微偏湿的土壤，所以要避免土壤过于干燥。表层土壤干燥时，尽早足量浇水。
回剪　开花后在距植株基部约10cm处修剪。植株置于通风良好处越夏，10月左右可再次开花。

Summer

盛夏花卉

夏季必不可少，熟悉的花卉

向日葵 *Helianthus annuus*

月　份	1	2	3	4	5	6	7	8	9	10	11	12
花　期												
播　种												
移　植												

菊科 / 春播一年生草本植物 ｜ 株高：40~350cm / 花朵直径：10~30cm

花色：红● 橙● 黄●

　　日本夏季的代表性花卉。在盛夏太阳底下盛开的大朵金黄色向日葵，为夏季庭院带来恰到好处的坚韧感。既有株高 30cm 左右的小型品种，也有超过 3m 高的超大型品种。矮生品种可以种植在花盆中观赏。花色基本为黄色，但也有红、白、橙等颜色。

　　向日葵是原产于北美洲的一年生草本植物，常被用作切花，因为可以从种子中提取油脂（葵花籽油），所以它也是重要的榨油作物之一。种子除了可以供人食用外，还能用作宠物的食物和家畜的饲料。有时可以将其作为绿肥原料加以种植，还有将其作为蜜蜂的蜜源作物加以种植的。

　　英文名为"Sunflower"，学名为"*Helianthus*"，二者皆为太阳花的意思。花期为 6—10 月，市面上除了有种子，也有盆栽苗。容易结种，可采其种子，待到次年进行播种。

一根花茎上分枝众多，许多花朵绽放于枝头的多头向日葵。

✕ 失败原因！

光照不足　光照不足，植株徒长，容易倒伏。应种植在光照条件良好的地方。

密植　密植时通风会变差，并可能生虫害。大型品种以 50cm，小型品种至少以 20cm 的株间距播种种植。

肥料不足　向日葵喜肥，配合生长追肥。

养护要点！

培育场所 在光照充足，土壤肥沃，排水良好的条件下容易栽培。

播种 播种的适宜时期为 5 月，但直到 6 月都可播种。不过，为了花朵更好地绽放，请尽早播种。向日葵不喜移植，所以最好直接种植在花坛或花器中。在光照充足的场所，施缓效性肥料作为基肥，高生品种间隔 50~60cm，矮生品种间隔 20~30cm，每个种植穴中撒入 2、3 粒种子，并覆盖 2cm 厚的土壤。种植后种子很快发芽，当真叶长出后间苗，只留下一株茁壮幼苗。花坛没有足够空间时，也可先在 2~3 号塑料营养盆中播种育苗，等到真叶长出 4、5 枚时定植。

肥料 向日葵喜肥，不要忘记追肥。间苗后每月两次在植株周围撒些复合肥料，然后轻轻翻耕表层土壤。

葵花子。种子很大，易于处理。

加立支架 高生品种长到约 1m 高时，加立支架来引导植株生长，以防强风引起植株倒伏。

摘心 分枝型品种等到真叶长出 6、7 枚时，进行一次摘心，整形，促进植株生长。

近来颇受欢迎的小朵向日葵。

罕见的白色花朵"意大利白向日葵"，高 1~2m，花朵直径 8~30cm。

"普拉多红"。

播种 ❶

Jiffy 7 育苗块播种

种子较大，适宜直接种植在花坛中，但若是花坛中没有多余空间，也可播种在花盆或 Jiffy 7 育苗块中。

1 在吸饱水的 Jiffy 7 育苗块中，撒入一粒种子。

2 按压种子，使其埋入泥炭藓中。

3 发芽的向日葵。置于光照充足的场所养护，当心徒长。

种植于种植箱中，美丽绽放的迷你向日葵。

清爽的黄色向日葵"阳光柠檬"，
高 1~1.5m。

播种 ❷

花坛播种

建议将向日葵直接播种在花坛中，这样养护起来比较轻松。
早熟品种，播种后 45 日即可开花。

1 在土壤酸性较强的花坛中，撒入苦土石灰加以中和。

2 向日葵喜好肥沃的土壤，加入堆肥和基肥，仔细翻耕。

3 在花坛中挖一些 3cm 深的种植穴，在每个种植穴中撒入两粒种子，然后盖上土壤。高生品种间隔 50~60cm，矮生品种间隔 20~30cm 播种。

4 播种后仔细浇水，发芽前避免土壤干燥。

5 发芽后，长出真叶时间苗，每个种植穴中只留下一株苗壮幼苗。不要忘记浇水。

6 株高长到 50cm 左右时，加立支架支撑植株生长。

7 开花的向日葵。在植株基部种植各种各样的其他花卉不失为一个好主意。

夏季必不可少的藤蔓花卉

牵牛 *Ipomoea nil*

月 份	1	2	3	4	5	6	7	8	9	10	11	12
花 期												
播 种												
栽 种												

旋花科 / 春播一年生草本植物 | 株高：20~500cm / 花朵直径：10~25cm

花色：红● 粉● 紫● 蓝● 白○

　　可以称之为夏季代名词，据悉牵牛原产于亚洲热带地区，但在日本的栽培历史也非常悠久。最初出于药用目的将其引入和种植，自江户时代初期以来，它逐渐被视为园艺植物用以观赏。江户时代花形富于变化的各种变种牵牛也颇为流行。花期为 7—10 月，以种子、盆栽苗及盆花的形式上市出售。

　　牵牛的许多栽培品种都是在日本选育栽培出的园艺品种，近来近缘属品种也很常见。藤蔓长，可整日开花而不凋谢的三色牵牛（*Ipomoea tricolor*），没有叶裂的圆叶牵牛（*Ipomoea purpurea*），宿根型的变色牵牛（*Ipomoea indica*）等品种常被用于绿色植生墙。三色牵牛和圆叶牵牛有时也被称为西洋牵牛，它们藤蔓生长良好，多花，晚开，8 月开花，持续至霜降。

花瓣带有条纹的牵牛花。

露台的网状木支架上盛开的牵牛，是在木支架下面的花器中播种长大的。

✖ 失败原因！

没有预先处理种子　种皮坚硬，种子难以吸收水分，因此需要破皮后泡水，再播种。

光照不足　光照不足会导致开花不佳。

养护要点!

盆栽养护方法　将选购的盆栽植株置于光照条件良好的场所养护。表层土壤干燥时再足量浇水。每 10 天施用一次以磷元素、钾元素为主要成分的液肥。

播种　即使从播种开始培育也很容易。播种的适宜时期是 5 月，直接将种子播撒在花坛或盆盆、器中较为省时省力。种皮坚硬，种子难以吸水，最好用小刀或锉刀刮开种皮再播种。自己采种，当种子数量较多时，将其在水中浸泡一晚，只拾取沉在水底的种子进行播种即可。如果温度适宜，4~5 日后种子就会发芽。

　　如果播种在小花盆中，等到子叶整齐地向水平方向展开后，一株株分别移植到直径 9cm 的花盆中，等到真叶长出 3~5 枚时再定植。

栽苗　选择光照充足、排水良好的地方栽苗，栽种时在营养土中加入缓效性肥料作为基肥。

藤蔓的牵引　藤蔓开始生长时，将其缠绕在支架或网格架上。如果放置不管，藤蔓会任意生长，有计划地引导其生长有助于打造优美株形。

江户时代起就存在的变种牵牛"变化朝颜"。

藤蔓旺盛生长的三色牵牛"天堂蓝（Heavenly Blue）"。

花瓣与花瓣的连接处（在日本称之为"曜"）为白色的，这是被称为"曜白朝颜"的品种。

播种	牵牛种子种皮坚硬，难以吸水，要先使其变得容易吸水，再进行播种。种子包装袋上若写有"可直接播种"字样，即表示种子已经做过易吸水处理，可直接进行播种。

1　牵牛种子，不易吸水，直接播种有可能不会发芽。

2　用小刀或锉刀将种皮刮开，使之容易吸水。破皮时避开种子胚的部分。

3　避免刮伤此部分。

4　刮开种皮的种子，水会从破皮部位渗入。

5　将种子在水中浸泡一晚，选取沉入水底的种子播种的方法。建议在种子较多的情况下使用。

6　建议直接播种在花坛或花器中，亦可播种在塑料营养盆中。

7　藤蔓开始生长后，尽早定植，并立支架或网格架进行牵引。

夏季依然健康绽放的大型花卉

毛地黄 *Digitalis*

月　份	1	2	3	4	5	6	7	8	9	10	11	12
花　期												
播　种												
栽　种												

玄参科 / 秋播一年生、二年生草本植物 | 株高：40~150cm / 花朵直径：5~8cm | 别名：狐狸手套

花色：红● 粉● 黄● 紫● 橙● 白○

毛地黄盛开的初夏庭院，挺拔直立的花穗与藤本月季相得益彰。

　　毛地黄是一种多年生草本植物，从欧洲至亚洲西部地区分布有 25 种毛地黄属品种，初夏时分，长而挺拔的花茎上呈穗状结出五颜六色的吊钟形花朵。毛地黄可作为点缀夏季花坛的装饰花卉，也可用于盆栽或花器中的混栽。

　　最早培育出的品种是毛地黄（*Digitalis purpurea*）。它盛开白色、粉色或紫红色的花朵，茎叶被毛。此外还培育出了拥有黄色花朵、鲜绿色叶子的大花毛地黄，更有两者的杂交品种。小型黄花的黄花毛地黄，因其药用价值而被人们熟识。

　　虽以药用植物而闻名，但毛地黄整株植株都含有有毒成分，请勿将其放入口中。花期是 5—7 月，市售有种子及盆栽苗。

✖ 失败原因！

排水不良　喜排水良好且干燥的环境，在排水不良的地方，应培土播种。

忘记摘残花　摘掉开败的残花。花朵全部开败后修剪花茎。

白花品种。

筒形花冠上嵌有白色花纹的独特花朵，颇有人气。

养护要点!

播种 播种的适宜时期是初夏和秋季，播种在小花盆中，等到真叶长出 3、4 枚时移植，扎根后定植。播种后的第二年初夏开花。

栽苗 光照条件及排水良好的干燥处较为适宜花苗生长，在半背阴场所也能良好生长。将土壤稍稍培高，然后将花苗种植其上是个不错的主意。特别是不喜潮湿的大花毛地黄，请务必种植在较高的地方。

盆栽，在直径 20cm 或更大的大花盆中加入花草用营养土，在土中混入占总量 30% 的鹿沼土和浮岩。种植在排水良好的土壤中，表层土壤干燥时足量浇水。

肥料 种植时施用缓效性肥料作为基肥，此后观察植物生长状态，并配合施用磷元素、钾元素为主要成分的液肥。

加立支架 如果开花时植株摇晃，则需要加立支柱或培土，以支撑植株生长。

摘残花 摘掉开败的残花，避免花朵结种。花朵全部开败后，留下叶子，剪掉花穗，过段时间枝又会长出，植株会再次开花。这样做可以长时间赏花。花苗的繁殖方式采用播种繁殖或分株繁殖。

冬季养护 毛地黄（*Digitalis purpurea*）耐寒性强，无须采取防寒措施，大花毛地黄需要防霜。

小花品种，黄花毛地黄，株高为 80cm 左右。

婆婆纳 *Veronica*

小巧玲珑的蓝色花朵，充满了吸引力

月 份	1	2	3	4	5	6	7	8	9	10	11	12
花 期				■	■	■	■					
播 种				■	■	■			■	■		
栽 种				■	■	■			■	■		

玄参科 / 耐寒性多年生草本植物 | 株高：10~80cm / 花朵直径：0.5~1cm

花色：蓝● 粉● 白○

　　婆婆纳是一种多年生草本植物或一年生草本植物，已知在北半球分布有 300 多个品种，此外春季绽放许多蓝色小花的阿拉伯婆婆纳也是婆婆纳属的。比阿拉伯婆婆纳花朵略大的"牛津蓝（Oxford Blue）"和高达 60~80cm、长长的花穗上开出繁茂花朵的穗花等数个品种作为园艺植物被养护在花坛或花器中。在日本以"牛津蓝"为名在市面上流通的品种，学名为 *Veronica umbrosa* 'Georgia Blue'。原产于乌克兰高加索地区，每年 4—5 月开出美丽的蓝色花朵，除了种于花器和吊篮中，还被用作地被植物。

　　穗花是原产于欧亚地区、北非地区的多年生草本植物，直立生长的茎顶端结出明艳的蓝色花穗，它拥有一个叫作"琉璃虎之尾"的日本名字。还有白色花朵的"阿尔巴（Alba）"、粉色花朵的"娜娜（Nana）"等园艺品种。矮生品种除了可以装饰岩石花园还可用于种于花坛、花盆，以及作为切花使用。

　　两种品种均有种子或盆栽苗、盆花上市出售。

与月季、蔓长春花、野芝麻一起种植的婆婆纳"牛津蓝"。花朵比阿拉伯婆婆纳大，两根雄蕊脱颖而出。

❌ 失败原因！

光照不足 几乎所有品种都喜光照。置于光照条件良好的场所养护。

种植的品种与用途不符 分为茎直立向上生长的品种和横向展开生长的品种。匹配种植场所和用途，选择合适的品种种植。

直立向上的花穗上绽放了许多花朵的穗花，虽然整体外观与"牛津蓝"给人的印象有所不同，但单只花看起来与"牛津蓝"的叶子颇为相似。

养护要点！

"牛津蓝"

栽苗 栽苗要在 2—3 月进行。虽然适宜养护在光照条件良好的地方，但"牛津蓝"耐热性较差，在温暖地区最好放置在半背阴场所。即使置于这样的场所，植株也能良好生长并且开花。

种植在花盆或花器中时，使用混入占总量 30% ~40% 的鹿沼土和浮岩的花草用营养土，或者使用市售排水性良好的营养土。养护在光照条件良好的地方。但盛夏需移至通风良好、光线明亮的背阴处。

移植 年年生长，会长成大株植株。种植在花坛中的植株要每三年挖出来一次，进行分株，然后重新种植。重新种植的适宜时期是 2—3 月的花后时期。

浇水和施肥 表层土壤干燥时再浇水。施用磷元素、钾元素为主要成分的缓效性肥料作为基肥。

修剪 花败后整体略微修剪，改善通风。

穗花

与"牛津蓝"的养护方法基本一致，但需注意，如果排水不佳，植株易生立枯病。此外，过量施肥会导致植株徒长，株形不佳。需要控肥。

婆婆纳"蓝色喷泉（Blue Fountain）"与穗花同属于花穗直立的类型。

可以用作地被植物的香草

柔毛羽衣草 *Alchemilla mollis*

月　份	1	2	3	4	5	6	7	8	9	10	11	12
花　期												
种　植												
分　株												

蔷薇科／耐寒性多年生草本植物｜株高：30~60cm／花朵直径：小于 0.5cm ｜别名：斗篷草

花色：黄绿色●

分布在欧洲东部至小亚细亚地区的多年生草本植物。作为有杀菌、消炎作用的香草为人熟识。叶片覆地，呈放射状。花茎抽长，上部变细、分枝，顶端结出许多黄绿色小花。叶片密生，因此也适合用作地被植物。花朵可如满天星一般用作配花，也可制作成干花。在日本，高山上自然生长的羽衣草就与柔毛羽衣草是同一类。

❌ 失败原因！

夏季暑热侵袭　柔毛羽衣草不耐热，遭受暑气侵袭后会枯萎。夏季置于通风良好、午后背阴的半背阴场所养护。

因地上部分枯萎而被处理掉　冬季植株的地上部分会枯萎，待到春天再次发芽。枯枝会阻碍新芽萌发，请事先清理干净。

🌱 养护要点！

种植　柔毛羽衣草不喜炎热潮湿或炎热干燥环境，应种植在排水与保水性能俱佳的营养土中。特别是在温暖地区，土壤容易过于潮湿，因此要避开肥沃的土壤。

肥料　盆栽，在营养土中混入腐叶土，施用少量缓效性肥料作为基肥，10—11月和3—4月，施用4、5次液肥。地栽，无须施肥。

浇水　过于干燥时叶片不易生长。盆栽需每天浇水。地栽原则上无须浇水，如若一周以上没有降雨，则平均每 5 天浇 1 次水，要浇透。

繁殖方法　10—11月或3—4月，分株繁殖。留下长势良好的茎顶端，从植株中央处大幅度地切分开来。

可成为庭院焦点的植物

松果菊 *Echinacea*

月　份	1	2	3	4	5	6	7	8	9	10	11	12
花　期												
播　种												
栽　种												

菊科／耐寒性多年生草本植物｜株高：60~100cm／花朵直径：7~10cm ｜别名：紫锥菊

花色：紫●　紫红　粉●　白○

一种原产于北美洲的多年生草本植物，因其具有杀菌、消炎作用，北美洲原住民将其作为药用植物，在现代也被用作补充品。叶阔，互生，花茎顶端结出一朵非常有冲击力的紫褐色花朵，形似金光菊。花朵外围的舌状花瓣颜色从紫红色向白色渐变，略微朝下伸展。可用于盆栽或制作成切花观赏，用来突显庭院特色最相宜。

❌ 失败原因！

过于潮湿　过量浇水或者在排水不佳处养护，会因排水不佳导致植株腐烂。

植株过小　如果强行对还没长大的植株分株，会致使其枯萎。

🌱 养护要点！

播种　通常的做法是在早春时节，于塑料营养盆中播种，晚秋再栽种。

栽种　晚秋或春季，整理夏秋季花朵开败后的花坛，然后栽种植株。

肥料　栽种时预先加入缓效性肥料作为基肥，此后无须再施肥。盆栽，五月施一次液肥做追肥。

浇水　地栽，从种植直到植株扎根，其间除了盛夏或过于干燥的情况以外，无须浇水。在盛夏浇水时，要选择早晚较为凉爽的时间段。盆栽，表层土壤干透后再浇水。

繁殖方法　在几年后植株长大时，可以选择在3—4月分株繁殖。不推荐播种繁殖，费时费力，且一年后种子才能开花。

　注：请勿自行尝试使用本书中提到的有杀菌、消炎作用的植物。如有需求，请看医生、遵医嘱。

整齐盛开的花朵和有闪耀光泽的叶子别具魅力

藻百年 *Exacum*

月　份	1	2	3	4	5	6	7	8	9	10	11	12
花　期						■	■	■				
播　种				■	■							
栽　种					■	■						

龙胆科 / 春播一年生草本植物｜株高：15~20cm / 花朵直径：1~2cm ｜别名：红姬龙胆

花色：紫● 白○

　　东南亚地区和非洲约分布有20种品种。作为园艺植物在市面流通的品种是原产于阿拉伯半岛南部的索科特拉岛的紫芳草及其园艺品种。顶端尖，表面具光泽的卵形叶片繁茂生长，植株呈现出半球状的丰满株形。可爱的小花整齐有序，密集生长，仿佛要盖住叶子一般。不耐寒，因此通常种于盆中养护。花朵具有玫瑰般的香气，是一种想让人近距离观赏的植物。

❎ 失败原因！

忘记摘残花　残花是引发灰霉病的原因，要勤于打理。

伤根　移植会导致植株生长衰弱。移植时不要破坏根球。

病虫害　要当心育苗期易发的立枯病及夏季的红蜘蛛。

🛠 养护要点！

播种　虽然适宜播种期是4—5月，但发芽的适宜温度是相对较高的25~30℃，因此需要播种在泥炭土育苗块中，置于温室养护。等到真叶长出4、5枚时，选择排水良好的沙质营养土上盆，置于向阳处养护。

肥料　植株接连开花，要在基肥之外追施液肥，每月两次，以防肥料耗尽。

浇水　表层土壤干燥时定量浇水。叶片及花朵沾水后会引起灰霉病，向植株基部缓缓地注水。盛夏时分早晚浇水。

繁殖方法　除了气温低的冬季，其余时候采用扦插方式繁殖。截取约5cm长的枝梢，泡水后将其插入蛭石中。避免干燥，置于半背阴场所养护，约2周后生根。

圆球状的蓝色花朵带来十足的清凉感

蓝刺头 *Echinops*

月　份	1	2	3	4	5	6	7	8	9	10	11	12
花　期							■	■				
播　种			■	■	■							
栽　种					■	■						

菊科 / 耐寒性多年生草本植物｜株高：50~120cm / 花朵直径：2~5cm ｜别名：琉璃玉蓟

花色：蓝紫● 白○

　　以地中海沿岸至西亚地区为中心，约分布有120种品种。"Echinops"在希腊语中意为"形似刺猬"。球形花序如韭菜花般。椭圆形叶子有叶裂，边缘生刺齿，形似蓟的叶子。蓝刺头不喜日本炎热潮湿的夏天，因此种植在花器中、置于通风良好的场所养护最为适宜。适合点缀自然风的花园，也可制成切花或干花用以观赏。

❎ 失败原因！

光照不足　最适宜养护在整日都有光照的地方。在背阴处会生长不良。

忘记摘残花　花败后剪掉整个花茎，则可长时间赏花。

🛠 养护要点！

播种　适宜播种期是3—5月。

蓝刺头喜好弱碱性土壤，可预先在土壤中加入石灰。发芽后等到真叶长出3枚左右时移植到塑料营养盆中，秋季定植。

肥料　种植时，预先在土壤中混入缓效性肥料。4—8月间约施3次追肥。

浇水　表层土壤干燥时定量浇水。蓝刺头不喜土壤过湿，注意不要过量浇水。尤其在育苗期，土壤过湿易引发立枯病。但在盛夏时分要当心极端干燥的环境。

移植　种植后，若不加以打理植株会枯萎。平均每两年一次分株、移植。

其他养护事项　梅雨时节，因为暑热，植株可能会枯萎，枝叶过于繁茂时，疏枝、疏叶改善通风。

花形时髦，花色丰富的人气花卉

楼斗菜 *Aquilegia*

月 份	1	2	3	4	5	6	7	8	9	10	11	12
花 期												
播 种												
栽 种												

毛茛科 / 耐寒性多年生草本植物 / 株高：10~90cm / 花朵直径：1.5~5cm / 别名：猫爪花

花色：红● 粉● 橙● 黄 紫● 蓝● 白○

约有 70 种原始种遍布于北半球温带地区，其中有几种分布在日本。由 5 枚萼片和筒状花冠组成的花朵，萼片后的距突出，充满个性的花朵令人印象深刻。原产于欧洲的欧楼斗菜株高 60~70cm，易于生长，适宜装点花坛。原产于北美洲的杂交系品种因花朵较大，花色丰富，亦适用于做切花花材。无论哪个品种，地上部分均在冬季枯萎，保留地下根部越冬。

✖ 失败原因！

湿度不足 干燥易生红蜘蛛，要注意。地栽应覆盖植株基部以防干燥。

温度过高 夏季植株遭受暑热侵袭可能会生长变衰弱，置于通风明亮的背阴处养护。

🌱 养护要点！

播种 楼斗菜为多年生草本植物，许多品种植株老化速度快。通常采用播种方式繁殖。结种率高，可以采收很多种子。发芽的适宜温度为 15~20℃，如若在 4—6 月播下种子，次年初夏即可开花。若是在 9—10 月播种，则要等到第三年春季开花。使用市售播种用营养土较为省时省心。

肥料 种植时在土壤中加入缓效性肥料。此后，花期中每十日施一次液肥追肥。

浇水 整年遵循表层土不干不浇，浇则浇透原则。

装点夏季的明艳热带色彩

美人蕉 *Canna*

月 份	1	2	3	4	5	6	7	8	9	10	11	12
花 期												
栽 种												
挖 根												

美人蕉科 / 春植球根花卉 / 株高：40~200cm / 花朵直径：5~15cm

花色：红● 粉● 橙● 黄● 白○

美人蕉是一种自生于世界各地的热带和亚热带地区的球根植物。叶厚且宽，叶片间抽出粗壮的花茎，大朵颜色明艳的花朵持续绽放至晚秋时节。品种丰富，有的花瓣上带有斑点，有的则是覆轮的。近年还培育出株高为 40~70cm 的矮生品种及铜色叶品种等，变种更为丰富。美人蕉是一类生命力非常顽强、易于生长的植物，对于不易打理的夏季庭院而言，不可或缺。

✖ 失败原因！

未剪花茎 花败后若放置不管，结种会吸取植株养分。花败后剪掉整个花茎。

冬季受冻 植株受冻会枯死，不管是保持原状越冬，还是贮存球根越冬，都应该将温度保持在冰点以上。

🌱 养护要点！

栽种 4 月以后，栽种在光照充足、土壤肥沃的地方。浅植，深度约为 5cm，当地上长出 10cm 高的芽时，再培土覆盖约 5cm 的高度。间隔 30~40cm 栽种。

肥料 在土壤中预先混入腐叶土及缓效性肥料，出芽后每月一次将缓效性肥料薄施在离芽稍远的地方。但是过度施肥会使植株变得开花不佳，9 月以后无须施肥。

浇水 表层土壤干燥时才足量浇水。球根植物缺水会生长不良。但要注意，过量浇水容易引起烂根。

挖根 挖出球根保存时，用湿的泥炭藓等介质来包裹，然后放入塑料袋中保存，防止干燥。

恬静的外观与日式庭园相得益彰

桔梗 *Platycodon*

月　份	1	2	3	4	5	6	7	8	9	10	11	12
花　期							■	■				
播　种												
栽　种			■									

桔梗科 / 耐寒性多年生草本植物｜株高：40~100cm / 花朵直径：3~5cm｜别名：铃铛花

花色：粉● 紫● 白○

多年生草本植物，分布于日本到朝鲜半岛及中国东北地区。自生于光照充足的山野、草原。秋之七草○之一，作为充满野趣的观赏花卉，长久以来装点着日本的庭院、花园。花通常为蓝紫色的单瓣花，但近年来有开白花、粉花、重瓣花、矮生的大花，白紫双色不规则花朵等的多种园艺品种上市出售。

✖ 失败原因！

忘记摘残花 花败后把茎在距植株基部 1/3~1/2 处回剪。茎中部会萌发新芽，再次开花。

🌱 养护要点！

种植 桔梗适宜生长在光照条件良好的场所，但不耐热，应种植在通风良好处。在光线较好的背阴处也能生长。喜好排水良好，富含腐叶土等有机物质的土壤。喜好略酸性土壤，因此无须混入石灰来调整土壤酸度。

肥料 盆栽，在土壤中预先混入缓效性肥料作为基肥。花期施追肥，每两周施用一次液肥。地栽，若土壤肥沃则无须额外施肥。

浇水 盆栽，表层土壤干燥时足量浇水。冬季也要偶尔浇水，保持土壤略湿。地栽，除了盛夏土壤干燥时浇水，其他时候无须特意浇水。

繁殖方法 播种、分株、扦插，可以使用任意一种方法繁殖。地栽植株需要每三年重新种植一次。

为夏季花坛带来十足的清凉感

蝴蝶草 *Torenia*

月　份	1	2	3	4	5	6	7	8	9	10	11	12
花　期						■	■	■	■	■		
播　种				■	■							
栽　种					■	■						

玄参科 / 春播一年生草本植物｜株高：20~30cm / 花朵直径：3~4cm｜别名：花公草

花色：粉● 黄● 紫● 蓝● 白○

原产于中南半岛的一年生草本植物，从初夏到秋季，持续盛开筒状小花。花茎多分枝，株形自然葱茏，亦不畏夏季炎热潮湿气候。是一种很容易生长的植物。花色以蓝色系为主，也有许多花色美丽的品种上市出售。此外，匍匐性的"夏日浪潮（Summer Wave）"，淡蓝色的花朵给人以清爽感，颇受人们欢迎，此类品种适合用于吊篮种植和地被植物。

✖ 失败原因！

茎徒长 株高达约 10cm 时，在从芽尖起的第二个节点处摘心，花朵数量得以增多，株形会更加平衡优美。

未及时打理 时常摘残花和已经枯萎变成褐色的下叶。

🌱 养护要点！

播种 发芽的适宜温度较高，因此播种要在 4 月下旬至 5 月进行。种子细小，播种时注意避免种子堆叠，播种后不覆土。

栽种 经过 10~14 日发芽后间苗，等到真叶长出 8~10 枚时，栽种在花盆或庭院中。喜光照，但避开盛夏的西照日头可生长良好。对土质没有特殊要求。

肥料 施用缓效性肥料作为基肥，初夏至秋末开花期间，每两周施一次液肥做追肥。

浇水 盛夏缺水植株会延缓生长，花朵也会难以绽放。表层土壤干燥时足量浇水，但要注意，过度潮湿会伤害根系。

繁殖方法 即使在 6—7 月，也能扦插繁殖。

○ 在日本具代表性的七种观赏花草。

不仅可以种于庭院、花盆，亦可为餐桌增色，用途广泛

旱金莲 *Tropaeolum majus*

月 份	1	2	3	4	5	6	7	8	9	10	11	12
花 期					■	■	■	■	■			
播 种				■	■	■	■					
栽 种					■	■	■					

旱金莲科 / 春播一年生草本植物 | 株高：25~200cm / 花朵直径：4~6cm | 别名：金莲花、旱莲花

花色：红● 橙● 黄●

原产于南美洲，叶子似荷叶，从初夏到秋季，茎很长，伏于地面开花，但茎不会缠绕在其他物体上。旱金莲常被用于花坛、地被植物及吊篮等。此外，花、叶及未成熟的果实也可用作香草或食用花卉。有单瓣、半重瓣、斑叶品种及无藤蔓的矮生品种等。

✕ 失败原因！

光照不足 盆植时置于光照充足，通风良好的场所。但是盛夏时节尽量移至半背阴、较为凉爽的地方。

移植 性不喜移植，在定植或者直接播种后不要移植。

🌱 养护要点！

播种 旱金莲发芽的适宜温度略高，生长速度也很快，4—5 月播种，若在 5 月定植，则盛夏来临前可赏花。也有另一种种植方式，是在 6—7 月播种，秋季赏花。

栽种 对土壤无特殊要求，但在贫瘠的土壤中开花更佳。茎旺长的植株会长大，因此栽时，株间距设置在 20~30cm 为宜。

肥料 过量施肥，开花会不佳。肥料中氮元素含量不宜过高。地栽可以无肥料养护。

浇水 遵循不干不浇，浇则浇透的原则，尽量干燥养护。过量浇水会导致植株徒长，或者叶片过于繁茂，影响开花。

冬季养护 旱金莲耐寒性相对较强，在没有霜冻的温暖地区被视作可以越冬的多年生草本植物。

不畏强光和高温的强健品种

长春花 *Catharanthus roseus*

月 份	1	2	3	4	5	6	7	8	9	10	11	12
花 期					■	■	■	■	■	■		
播 种				■	■	■						
栽 种					■	■	■					

夹竹桃科 / 春播一年生草本植物 | 株高：30~60cm / 花朵直径：2.5~5cm | 别名：日日草

花色：红● 粉● 白○

多数花卉都不喜日本炎热潮湿的夏季，但长春花却是一种能对抗环境，持续开花的珍贵花卉。长春花分枝众多，株形优美，自然繁茂，花朵持续盛放并开满整棵植株，因而又得名"日日草"。每朵花的花期不止一日，可持续 3~5 日，在日照充足和持续高温的情况下花开不断。因其具有葡匐性，适用于吊篮种植及地被植物，此外还有高生品种和矮生品种。几乎无病虫害。

✕ 失败原因！

忘记摘残花 落在叶片上的残花如放任不管，在潮湿的时节会生霉。记得时常摘残花。

土壤过湿 排水不良导致土壤过湿，植株容易烂根。

🌱 养护要点！

播种 发芽的适宜温度较高，播种要等到 4 月下旬以后进行。接受光照种子会难以发芽，因此覆土后应置于背阴处干燥养护。

栽种 粗壮的根部具有向下生长的直根性，根部受损会生长不良，栽种时注意不要破坏根球。

肥料 施用缓效性肥料作为基肥。当植株开始结花苞时，也同样撒些缓效性肥料在植株基部。此外每周结合使用一次液肥。特别是在生长旺盛的夏季，应避免肥料耗尽。注意，肥料中氮元素含量不宜过高。

浇水 长春花耐干旱，不喜潮湿场所，因此浇水要等到表层土壤干透后进行。

冬季养护 植株徒长、株形散乱时，将茎留下大约两节长，回剪。

色彩缤纷的鲜花地毯，点亮夏季庭院

马齿苋 *Portulaca oleracea*

月　份	1	2	3	4	5	6	7	8	9	10	11	12
花　期					■	■	■	■	■	■		
播　种				■	■							
扦　插						■	■	■	■			

马齿苋科 / 半耐寒性多年生草本植物｜株高：15~30cm / 花朵直径：约 2.5cm｜别名：五行菜

花色：红● 粉● 白○ 黄● 橙●

　　由于花朵在阳光下才盛放，因此，阴雨天不会开花。开花优于大花马齿苋。可盆栽观赏。明艳的花朵大量盛放，若是将几种不同颜色的品种混栽，它们将变身为华丽的地被植物。花期较长，在温暖地区可持续开花至初冬时节。拥有多肉质叶片，因而耐高温。地栽时，如果能偶遇几场夏季傍晚的雷阵雨，则整个夏天不浇水也不会枯萎。

❌ 失败原因！

疏于打理　每朵花花期仅有一日。叶片上落有残花，在潮湿的环境里放任不管会发霉，时常摘残花，妥善打理。

过于潮湿　排水不良会导致土壤过于潮湿，植株容易烂根。

🌱 养护要点！

播种　马齿苋发芽的适宜温度较高，宜在 4 月下旬至 5 月播种。

种植　马齿苋喜排水良好的土壤，在营养土中混入一些川砂为宜。植株横向展开生长，株间距宜设置在 20cm 左右。

肥料　将缓效性肥料作为基肥，少量撒在植株周围。花期较长，需要追肥，平均一个月薄施 1、2 次液肥即可。马齿苋喜好贫瘠土壤，注意不要施肥过多。

浇水　马齿苋喜好干燥土壤，等土壤干透后再浇水。置于烈日下的盆栽，一日一次足量浇水。

繁殖方法　虽然扦插的适宜时期是 6—9 月，但只要气温达到 20℃以上，随时可以进行扦插。在茎顶端截取 5~6cm 长，插到蛭石中，约两周后可生根。

群植观赏，顽强的多年生草本植物

萱草 *Hemerocallis*

月　份	1	2	3	4	5	6	7	8	9	10	11	12
花　期						■	■	■				
种　植			■	■					■	■		

百合科 / 耐寒性多年生草本植物｜株高：30~150cm / 花朵直径：5~25cm｜别名：黄花菜

花色：红● 粉● 橙● 黄● 紫● 白○

　　在东亚地区分布有一些原始种，其中萱草根等品种属于欧洲改良的园艺品种群。每朵花的花期仅有一日，整株的花期亦非常短暂。但是有些品种通过改良改善了花期短的情况，此外还有了四季开花的品种，因此萱草也渐渐变成了可以长时间观赏的花卉。另外不仅花色多，花朵大小、花形、花姿等也富于变化。由于植株姿态颇具野性，所以需要在种植场所多下功夫。

❌ 失败原因！

生蚜虫　植株易生蚜虫，群植时需撒些杀虫剂用以预防。

忘记摘残花　每朵花花期仅有一日，放任不管会满是残花。花败后，结种会吸取植株养分，因此要时常摘残花。

🌱 养护要点！

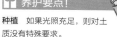

种植　如果光照充足，则对土质没有特殊要求。

移植　地栽，可 5~6 年无须特殊养护。等到植株拥挤、生长迟缓时进行分株。盆栽，如果根系爬满花盆并从排水孔伸出，则要移植到大一号的花盆中。移植的适宜时期是 3—4 月及 9—10 月。

肥料　将缓效性肥料作为基肥混入土壤中。在 3—4 月和 9—10 月分别施一次追肥，将缓效性肥料分撒在植株基部。

浇水　表层土壤干燥时足量浇水。特别是在花期，如果土壤干燥花苞容易掉落，当心不要缺水。在夏季的早晨或傍晚较为凉爽的时间段浇水。盆栽，夏季移至通风良好处浇水。

生命力顽强，易于生长的多年生草本植物

美国薄荷 *Monarda*

月 份	1	2	3	4	5	6	7	8	9	10	11	12
花 期						■	■	■	■			
播 种												
栽 种			■	■								

唇形科 / 耐寒性多年生草本植物 | 株高：50~120cm / 花朵直径：3~10cm | 别名：松明花、矢车薄荷

花色：红● 粉● 橙● 白○ 紫● 绿●

不受严寒酷暑的影响，坚韧生长，夏季许多头状花序的花朵结在枝头。高生品种，几年后将长成相当大的植株，初始之时安排在花坛后方，或者栽种在深 50cm 以上的花盆中，不会有问题。花色丰富，以红、粉、白等为主流色。花期较长，既可以种植在庭院中观赏，也可以用作切花材料。茎叶芳香，有些品种可以作为香草使用。

❌ 失败原因！

通风不佳 梅雨季节至夏季易生白粉病及灰霉病，应疏叶改善通风。

忘记摘残花 花败后结种，会消耗植株养分，要时常摘除残花。

🌱 养护要点！

种植 美国薄荷喜光照，夏季强光直射容易引起过度干燥，植株生长缓慢，如果栽种在庭院中时，应种于上午有充足日照，午后为背阴处的场所。喜好排水良好、稍微湿润的土壤。

移植 适宜时期为 3—4 月及 9—10 月。

肥料 美国薄荷喜肥。生长期肥料耗尽可能导致植株枯萎。种植时，预先混入缓效性肥料。4 月、6 月、9 月每月施一次追肥，将缓效性肥料撒在植株基部。

浇水 美国薄荷不喜过湿，但极端干燥环境下植株也会生长不良。基本遵循不干不浇，浇则浇透原则即可，盛夏时容易干燥，当心缺水。

装饰栅栏或用作绿色植生墙

莺萝 *Ipomoea quamoclit*

月 份	1	2	3	4	5	6	7	8	9	10	11	12
花 期							■	■	■	■		
播 种					■	■						
栽 种						■	■					

旋花科 / 春播一年生草本植物 | 株高：100~200cm / 花朵直径：2~3cm

花色：红● 粉● 白○

莺萝是一种分布在南美地区的藤蔓性一年生草本植物，生长旺盛，强健，因而在日本温暖地区也能看到一些野生品种。叶的裂片细长如丝。夏季白天枝头绽放许多星形的筒状小花。原本为每年开花的多年生草本植物，因为藤蔓非常容易生长，除了用来装饰栅栏外，还可以用作地被植物。

❌ 失败原因！

过早播种 在气温没有回升至合适温度时就播种，种子可能会难以发芽。

过量施肥 可以施用液肥作为追肥，但肥料过剩会导致藤蔓徒长，开花不佳。

🌱 养护要点！

播种 种子发芽的适宜温度为 20~25℃，因此播种要在 5 月以后进行。与牵牛类似，莺萝的种皮也十分坚硬，播种前需要浸泡在水中吸水。覆土厚度为 5cm 左右，注意，在发芽前避免干燥养护。

栽种 莺萝不喜移植，长大的花苗不容易扎根，因此，尽量直接种植在培育场所。也可先育苗再定植，等到根系长出时尽早移植，注意移植时不要破坏根球。

肥料 只需将缓效性肥料作为基肥，预先混入土壤中即可。

浇水 表层土干燥时足量浇水。夏季容易缺水，需注意。

Autumn
秋季花卉

在秋风中摇曳的可爱花卉

波斯菊 *Cosmos*

月　份	1	2	3	4	5	6	7	8	9	10	11	12
花　期												
播　种												
栽　种												

菊科 / 春播一年生草本植物 | 株高：30~200cm / 花朵直径：3~8cm | 别名：秋樱

花色：红● 粉● 黄● 白○

秋季不可缺席的美丽波斯菊。播种后 70 天开花的品种"感觉（Sensation）"。

　　波斯菊是一种原产自墨西哥的一年生草本植物，于明治时代中期传入日本，生命力顽强，易于生长，又是为日本人所喜爱的清丽花朵，因此完全成了日本秋季的代表性花卉。"Cosmos"在希腊语中意为"饰物""美丽"。因花瓣形似樱花，又得名"秋樱"，这一名字在日本也深受民众喜爱。

　　之前很长一段时间，波斯菊的花朵颜色只有红色、粉色和白色，但是近年来诞生了黄色品种，花色

逐渐变得多起来。花形也逐渐富于变化，如增加了重瓣、丁字花形、筒状花瓣等。此外，还有通过其他原始种培育的黄秋英及多年生草本植物巧克力波斯菊。

　　波斯菊原本为短日照植物的代表，日照时长不变短则不开花，但如今开花情况已与日照时长关系不大，培育出了自播种之日起 50~70 天即可开花的早熟品种，很受欢迎。

　　花期通常为 7—10 月，除种子之外，也有盆栽苗上市出售。

✖ 失败原因！

过量施肥　肥料过多会导致茎叶徒长，植株容易倒伏，花期推迟。

忘记浇水　波斯菊不喜土壤过湿或干燥。适量浇水以防土壤过于干燥。

置于夜间照明场所　根据品种不同，有些植株不会在夜间明亮的场所开花。

🌱 养护要点!

播种 可以在塑料营养盆中播种育苗，但由于种子较大、易于播种且无须特殊养护即可育苗，通常直接播种在花坛或花盆中即可。在阳光充足、排水良好的地方，以30cm为间隔播撒3、4粒种子，然后轻薄覆土。

播种适宜时期是4—7月，播种时间越迟，植株越矮。为防止生长过剩，植株倒伏，最好在6—7月播种。与日照时长无关的早熟品种若是于4月播种，在夏季到来之前即可欣赏花开。

肥料 波斯菊在贫瘠的土壤中也能长得很好。种植在肥沃的土壤中时，当心茎叶长得软弱，植株易折断、倒伏等。施用缓效性肥料作为基肥，暂且不必施追肥。

摘心 植株会长高，所以种植在花坛或花盆中时，待幼苗长出5、6枚真叶时摘心。如果在幼苗期摘心，花茎尚未强壮，腋芽会一并整齐地长出来，枝会增多。若是高生品种，一个月后再次对抽长的侧枝进行摘心，则植株会进一步变矮。

其他养护 夏季植株白天萎蔫属自然现象，无须担心。

与菊花相似，如果日照时长变短则不会开花，若种在街灯附近也有可能不会开花。在这类场所可以选种与日照时长无关的早熟品系。

巧克力波斯菊冬季在室内养护，保持最低温度在3℃以上即可越冬。

重瓣波斯菊"双击（Double Click）"。

中心环状，花色如晕的品种 "幸福环（Happy Ring）"。

花瓣呈筒状的品种 "贝壳（Seashell）"。

深受喜爱的 "感觉" 的深粉色花朵。

"感觉" 的粉色花朵。

波斯菊、半边莲、天门冬组成的秋季吊篮。
适宜使用"奏鸣曲（Sonata）"和"矮小感（Dwarf Sensation）"等低矮品种。

黄色波斯菊"黄色校园（Yellow Campus）"。

白底、艳色覆轮的波斯菊"晓"。

绽放深茶色花朵的巧克力波斯菊。不仅颜色，连香气也与巧克力相似。与黄秋英（见第88页）相近。

播种 | 波斯菊的种子很大且容易发芽，可以直接种植在花坛中，混栽种植时可以播种在育苗盒或塑料营养盆中进行育苗。

1　准备育苗盒、营养土、种子。

2　在育苗盒里加入营养土，每间隔3~5cm压一道5mm深的播种沟。

3　在播种沟里播种，避免种子堆叠，轻捏两侧土壤覆土。

4　用手掌轻压，使种子和土壤紧密接触，用细孔喷壶或喷雾喷壶浇水。

5　避免干燥养护，约一周后即可发芽。发芽后间苗，使叶片相互不发生接触。

6　当萌发数枚真叶时，移植到花盆中育苗。小心挖出苗，以免损伤根系。

7　种植在塑料营养盆中。定植于花坛、花盆、花器中亦可。

8　茎抽长后摘顶芽，以促进腋芽生长、保持植株低矮、花开繁茂。

点缀秋天的花卉

菊花 *Asteraceae*

月　份	1	2	3	4	5	6	7	8	9	10	11	12
花　期												
栽　种												
扦　插												

菊科 / 耐寒性多年生草本植物 | 株高：25~120cm / 花朵直径：1~30cm | 别名：寿客、金英、黄华

花色：红● 粉● 橙● 黄◐ 白○

各种菊花争相盛放的秋日花坛。

　　菊花源于中国，是一种古老的园艺植物，在日本的栽培历史悠久，广为人知。从花直径超过 20cm 的大型菊花到小巧玲珑的小型菊花，种类繁多。根据花朵大小及开花方式分了不同品系。

　　传入欧美地区的菊花与日本菊花的育种进展有所不同，无论是花色还是花形，均西洋感十足，体现了欧美文化的审美取向。有低矮分枝多，适宜盆栽的品种；花色丰富，花形时尚，用作盆栽之余亦可作为切花的人气品种；呈圆拱状花繁叶茂的矮生品种，以及由美国公司改良的品种，这些品种也被统称为洋菊。

　　此外，还有一些不是菊花属但在各地自生的菊花科花卉，它们被称为"野菊"，有时人们也将它们种植在庭院中。

　　秋开系的菊花，花芽分化、开花都需要短日照条件，花期为 9—11 月，随着人工照明、遮黑幕等栽培技术的进步，现如今几乎整年都能购得菊花的开花株。盆栽苗、盆花在市面上都有。

✖ 失败原因！

置于夜间照明场所　菊花是一种日照时长变短花芽开始萌发的短日照植物。若夜里置于明亮场所，植株不会开花。

肥料不足　菊花是喜肥植物，生长期观察植株，施用液肥或复合肥料做追肥。

未进行回剪　盆栽建议回剪，以促进植株旺盛生长。

养护要点!

栽苗 适宜时期是 2—4 月，在光照条件良好的地方，种植在稍微堆高的土壤中。加立支柱支撑茎，以防植株倒伏。盆栽，在花草用营养土中混入占总量 3 成左右的堆肥进行种植，表层土壤干燥后浇水。

肥料 施用缓效性肥料作为基肥，直到夏季将同样肥料以放置型肥料的方式施用 2、3 次。

摘心 如若不想植株变高，在 5—7 月摘心 1~3 次。众所周知，菊花是日照时长变短才可开花的植物，若种于街灯附近等夜间照明场所，难以开花。

盆花养护 将购买的盆花置于室外，使其接收充足的阳光。特别是花苞较多的植株，长时间置于室内不易开花，将其移至室外向阳处接受充足的光照，花朵全部盛放后再挪回屋内，便可长期赏花了。

花后作业及冬季养护 花败后，临近秋末时在靠近茎根部处进行回剪。虽然菊花耐寒性强，但最好不要使其曝露在北风或霜冻环境下，用稻草护根，精心养护从根部生出的吸芽。盆栽则放置在室内窗边或温床内越冬。待到春季盆面置肥。

扦插 选用茁壮生长的吸芽扦插育苗。适宜时期是 5 月左右，插床中宜单独使用鹿沼土或蛭石等材料，扦插结束后足量浇水。

在背阴处养护约 3 周可发根。叶片开始生长即为发根的标志。根部长齐后移植到花盆或塑料营养盆中培育。适宜使用富含有机物质的砂质土壤，并且足量施肥。中途摘心 1、2 次，增加枝数量。夏季结束之时在短日照条件下花芽开始分化。结出花苞后精心养护，避免干燥，10 月左右自然开花。

要点!
花后回剪

剪掉 1/2 左右的茎。

洋菊，花败后回剪。

上市盆花

美国选育品种。

淡黄色小菊花。

淡薰衣草色小菊花。

秋季里色彩缤纷中不可或缺的一笔暖色

青葙 *Celosia*

月　份	1	2	3	4	5	6	7	8	9	10	11	12
花　期							■	■	■	■		
播　种				■	■	■						
栽　种					■	■	■					

苋科 / 春播一年生草本植物｜株高：15~140cm / 花穗长：5~40cm｜别名：鸡冠苋、羽毛鸡冠、鸡冠花

花色：红● 粉● 橙● 黄◐ 白○

被视作园艺植物加以栽培利用的是原产于亚洲热带地区的品种青葙及其变种。花朵形似鸡冠因而得名"鸡冠花"，自古以来就深受欢迎。品种丰富，花形分为羽状花形、矛状花形及球状花形等。花的颜色如火焰一般，属于明度较高的暖色系。即使是园艺新手也可以轻松养护。鸡冠花喜高温潮湿环境，最适合装点盛夏至秋季的花坛，亦适合混栽或吊篮种植。

⊠ 失败原因！

光照不足 尽量给予光照。光照不足，花朵不上色。
通风不佳 青葙喜高温潮湿，但在暑热环境中叶子容易腐烂，置于通风良好的场所养护。

📍 养护要点！

播种 青葙发芽的适宜温度为 20~25℃，因此不建议提前播种。青葙不喜移植，直接种植在花坛或花盆中，间苗培育。
栽种 夏季带花盆苗或盆花上市。如果置于光照充足、排水良好的场所，则植株对土壤没有特殊要求。栽种时注意不要损伤根系。
浇水 生长期需要足量的水分。注意不要使土壤极度干燥。特别是盆栽，缺水会导致下叶枯萎。
肥料 高生品种，施用基肥就足够了；矮生品种则需要每月施用 1、2 次液肥。
病虫害防治 光照或排水条件不佳时，植株容易感染上立枯病或灰霉病。

无须过多日照即可生长，养护轻松

秋海棠 *Begonia grandis*

月　份	1	2	3	4	5	6	7	8	9	10	11	12
花　期								■	■	■		
栽　种				■	■							
移　植				■	■							

秋海棠科 / 耐寒性多年生草本植物｜株高：30~60cm / 花朵直径：2~5cm｜别名：八香、无名相思草

花色：粉●

秋海棠自生于中国至马来半岛地区。大量花朵朝下绽放，拥有秋海棠属特有的可爱花姿。一年开花 3、4 次，雌雄同株、异花，雄花先开，之后顶端的雌花再开。左右不对称的心形叶片十分美丽，即使在花期以外的时间也具有很高的观赏价值。每天只需接受 3~4 个小时光照，因此适宜栽培在北向或东向的入口沿廊。

⊠ 失败原因！

日照过强 若养护在强烈日光直射的地方，夏季叶片容易被灼伤，植株变衰弱。
环境干燥 若曝露在强风中种植，土壤会过于干燥。

📍 养护要点！

栽种 适宜时期是 4—5 月。浅植使土壤能够盖住（球根）即可。移植也是如此。
肥料 种植时预先混入缓效性肥料作为基肥，此后则无须施肥。特别是地栽时，若是种植在腐叶土含量较高的肥沃土壤中，则无须施用基肥。
浇水 表层土壤干燥时足量浇水。
繁殖方法 秋季叶腋处结出 2、3 个繁殖体（小豆大小的球根状的芽），将其种植于土中，春季即可发芽。

柔美端庄，楚楚动人，洋溢秋日风情

打破碗花花 *Anemone hupehensis*

毛茛科 / 耐寒性多年生草本植物 / 株高：50~150cm / 花朵直径：5~9cm / 别名：秋明菊

花色：粉● 白○

月 份	1	2	3	4	5	6	7	8	9	10	11	12
花 期												
栽 种												
移 植												

　　古时由中国传入日本的银莲花的一种，现在已经野生化，分布在本州、四国及九州地区。天气日渐凉爽之时，会从纤细的花茎顶端开出许多花朵，分为单瓣品种和重瓣品种。生命力非常顽强，属于大型多年生草本植物，因此比起种于花坛中，打破碗花花更适合种植在庭院中，增添秋日风情。若是种植在花坛中，适合选种改良的矮生园艺品种。

✕ 失败原因！

日照过强 夏季强烈的阳光会使植株变弱。不要种植在没有阴影的场所。

忘记回剪 为了次年仍能赏花，花朵枯萎后回剪。

☘ 养护要点！

栽种 打破碗花花喜欢富含有机物质、保水性良好的弱酸性土壤和半背阴场所。3月为适宜栽种时期。

移植 植株拥挤会生长不佳，应分株、移植。

肥料 在土壤中预先混入缓效性肥料作为基肥。此外，为使来年花朵盛开，花败时将缓效性肥料作为礼肥，撒在离植株稍微有些距离的地方。

浇水 地栽，只需在种植之后、扎根之前，表层土壤干燥时足量浇水。之后，只要是种植在土壤潮湿的半背阴处，就无须浇水。盆栽，表层土壤干燥时足量浇水。

冬季养护 冬季露出地上的部分会枯萎，应去除地面上枯萎的部分。打破碗花花耐寒性强，无须采取防寒措施。

放任不管才会茁壮生长的秋植球根花卉

纳丽花 *Nerine*

石蒜科 / 秋植球根花卉 / 株高：30~45cm / 花朵直径：3~6cm / 别名：钻石百合

花色：白○ 红● 粉● 橙●

月 份	1	2	3	4	5	6	7	8	9	10	11	12
花 期												
栽 种												
移 植												

　　纳丽花是一种原产于南非的球根植物。从秋季至初冬，抽长的花茎顶端盛开近 10 朵花。花瓣如宝石般耀眼夺目，因而在欧美地区它以钻石百合的名字为人熟识并深受喜爱。花期较长，可长达 1 个月，是珍贵的切花花材。花朵盛开后叶片会长出来，次年梅雨季前，地上部分的植株会枯萎休眠。

✕ 失败原因！

冬季浇水 不耐寒，冬季休眠时无须浇水。建议种植在可移动的花盆中。

过度保护 禁止过度保护。纳丽花是一种坚韧的植物，不理会它它反而会生长得更好。

☘ 养护要点！

栽种 栽种的适宜时期是 9 月。纳丽花喜光，在干燥贫瘠的土壤中即可生长，是一种无须特殊养护的植物。选用略浅的浅底花盆，栽种在排水良好的土壤中。将球根肩部以上部分露出土表。在 3 号花盆中栽种 1 颗球根，若是 5 号花盆，可栽种 3、4 颗球根。

浇水 养护在干燥环境中。在保有叶片的生长期，土壤表层干燥时再足量浇水，地上部分枯萎的休眠期无须浇水。

肥料 几乎不需要。植株开始生长的 10 月左右，施用少量基肥就足够了。

摘残花 花败后，从花茎根部剪断。

移植 栽种后的 3~4 年可放任不管。当球根增多，空间变得局促，导致开花不佳，此时再进行移植。

病虫害 潮湿环境下植株会染上菌核病和白绢病。

短暂盛开，一枝独秀，秋季花坛的中流砥柱

石蒜 *Lycoris*

月 份	1	2	3	4	5	6	7	8	9	10	11	12
花 期												
栽 种												
移 植												

石蒜科 / 夏植球根花卉 | 株高：30~70cm / 花朵直径：3~6cm

花色：粉● 橙● 黄● 蓝● 白○

　　石蒜属分布在东亚地区，包含近 20 种自生球根植物，石蒜（*Lycoris radiata*）也属其中一种。欧洲培育出了各种花色的园艺品种。栽种后，花茎不断抽长，每根花茎上短时间内即可绽放 4、5 朵花。是花较少的夏季花坛及秋季花坛中的珍贵花卉。花谢后叶片展开。

❌ 失败原因！

因叶子枯萎而被处理掉　春日时节叶子虽然枯萎，但植株只是进入了休眠期，并非已枯死，应保持原状直至夏季到来。

🌱 养护要点！

栽种　石蒜喜光照充足、通风、排水良好的地方，但在落叶树下这种有些许阴影的场所亦可生长。个头大的球根以 10cm 间隔栽种，个头小的球根则间隔 2~3cm 密植。覆土与球根高度持平即可。但是盆栽要浅植，使球根顶部隐约露出土壤表层。

肥料　栽种时预先混入缓效性肥料作为基肥即可，后续无须再施肥。

浇水　土壤表层干燥时再足量浇水。

繁殖方法　如果每年挖球根，则难以分球，至少间隔 3 年左右再挖。

秋日耀眼夺目的浅紫色筒状花

龙胆 *Gentiana*

月 份	1	2	3	4	5	6	7	8	9	10	11	12
花 期												
栽 种												
回 剪												

龙胆科 / 耐寒性多年生草本植物 | 株高：15~100cm / 花朵直径：3~6cm

花色：粉● 紫● 白○

　　龙胆在世界上约分布有 400 种品种，日本约有 20 种。自生于草原、荒野上，到了秋季在枝顶端或上部叶腋处结出筒状花朵。早开的三花龙胆亚种属于高生品种，被当作切花素材加以栽培，而矮生的龙胆（*Gentiana Scabra*）等的园艺品种则常以盆花形式在市面出售。令人惊讶的是龙胆拥有许多属性不同的品种，它们在花色、大小、花形、适宜的生长环境等方面皆有差异。

❌ 失败原因！

光照不足　光照不足时植株会开花不佳。

忘记摘残花　开败的花朵若是放任不管，待到结种时就会吸取植株营养。在花梗根部摘掉残花。

🌱 养护要点！

肥料　少量施肥植株即可旺盛生长。从春到夏，每月 2 次，薄施液肥。

浇水　表层土壤干燥时再足量浇水。应特别注意，夏季不要缺水。土壤过湿会导致植株枯萎。花苞或花瓣被溅上水时容易受到损伤，花期时向植株基部浇水，避免溅到花朵上。

繁殖方法　以扦插、分株的方式进行繁殖。也可以通过采种的方法进行播种繁殖，但不易操作。

换盆　盆栽时，1~2 年换一次盆，换到大一号的花盆中，以免植株窝根。

冬季养护　只要避免将植株养护在因极寒天气或寒风造成的干燥环境里，就能够相对容易地越冬。冬季来临之前茎叶会枯萎，在靠近地面的位置回剪。

Winter
冬季花卉

富于变化的人气花卉

铁筷子 *Helleborus*

月　份	1	2	3	4	5	6	7	8	9	10	11	12
花　期												
栽　种												
分　株												

毛茛科 / 耐寒性多年生草本植物 | 株高 30~80cm / 花朵直径：1.5~8cm | 别名：嚏根草、圣诞玫瑰

花色：红● 粉● 黄● 橙● 绿● 白○ 黑●

低垂绽放的美丽园艺杂交种。亦可作为切花供人观赏。

黄色园艺杂交种。

紫黑色园艺杂交种，因拥有其他花卉难得一见的古朴典雅花色而颇受欢迎。

冬季至来年早春时节，众芳凋零，此时铁筷子可为庭院、花园增色添彩。铁筷子是耐寒喜阴的常绿多年生草本植物。铁筷子属植物分布于欧洲直至西亚，中国西南部等地区。种类繁多，有时将各个种类单独命名用以区别，如将 12 月起盛开的黑嚏根草命名为圣诞玫瑰（Christmas rose），将春季盛开的东方铁筷子命名为四旬玫瑰（Lenten rose），将成簇盛开浅绿色小花的臭铁筷子命名为直立圣诞玫瑰；有时又将所有品种统称为圣诞玫瑰。

铁筷子分为叶子从基部展开的无茎品种和茎部直立挺拔的有茎品种，通常用于栽培的是有茎品种，其中最为多见的又当属以东方铁筷子为中心杂交改良的各种品种。这些品种被称为园艺杂交种，花色丰富，拥有野品种中难得一见的黄色、橙色及带斑点的花朵，并且还有重瓣园艺品种。

无茎品种的代表花卉是黑嚏根草，清丽脱俗的白色花朵深受欢迎，但近来市面上也出售半重瓣及大花品种、红色的园艺品种。

大多数品种的花期在 12 月至来年 4 月，以盆栽苗或盆花的形式上市出售。

✖ 失败原因！

夏季阳光直射　铁筷子不喜强烈的日照。从初夏至秋季置于半背阴场所养护。

环境干燥　夏季环境干燥则植株生长不佳。需认真浇水。

病毒性疾病　害上叶片出现黑斑点的病毒性疾病（黑死病）。会传染其他植株，应尽早处理害病植株。

▼ 养护要点！

栽苗 铁筷子不喜强光直射及高温潮湿环境，从秋至春，养护在阳光充足的地方，夏季移至光线明亮的树荫下。即使在背阴处，开花会有些许不佳，但依然可以生长。夏季在阳光强烈的地方，用寒冷纱遮光。

盆栽养护时选用混有浮岩或鹿沼土、排水性良好的土壤。夏季置于树荫下干燥养护，秋季至来年春季给予充足日照。

浇水 地栽，无须特殊浇水。盆栽，则遵循不干不浇，浇则浇透的原则。

肥料 施加富含磷元素、钾元素的缓效性肥料作为基肥，10月至来年4月用同样的肥料以放置型肥料的方式施肥。对于生长旺盛的植株需每10日再施一次液肥做追肥。夏季无须施肥。

换盆等 盆栽植株每2~3年换一次盆。换盆的适宜时期为10月。

直至植株长到一定程度之前，尽量不要分株，保持原状移植到大一号的花盆中。对于已经完全长大的植株则宜分株、换盆。

有茎品种等到开花后新芽萌发时，将开花的花茎从根部剪掉。无茎品种则要在12月时剪掉所有此前繁茂生长的老叶子。

种植在花器中的铁筷子。植株生长旺盛，宜种植在直径30cm左右的大花盆中。

🍃要点！
冬季剪去老叶

大多数园艺杂交种在冬季长叶开花。此时，宜将去年生出的老叶从根部剪掉，可再次欣赏优雅的花姿。

黄色重瓣品种。

粉色重瓣品种。

一种被称为"覆轮开花"的品
类，白色萼片边缘染上红色。

淡粉色的园艺杂交种，萼片如花瓣，雄
蕊周围的深色结构即为蜜腺。此品种为
蜜腺明显的类型。

喜马拉雅山脉地区原产铁筷子（*Helleborus thibetanus*）。

白绿色园艺杂交种。

原本被叫作圣诞玫瑰的黑嚏根草，花朵基本为白色。

沿墙种植的铁筷子。即使光照不足也能顽强生长，因此也推荐种植在背阴花园中。

移植与分株

铁筷子根粗且多，是一种容易窝根的植物。
种植在小型塑料营养盆中的花苗宜尽早移植到大一号花盆中。
长大的植株要分株之后再换盆。

1　市售盆栽苗。移植到大一号的花盆中。

2　在大一点的花盆中加入混有基肥的营养土，然后放置花苗。最好不要弄坏花苗的根球。

3　添填加营养土完成种植。

4　将长大的植株从花盆中起挖，用刀或剪刀切分。

5　一分为二，分别移植到其他花盆中。

美丽的冬季盆花代表品种

仙客来 *Cyclamen*

报春花科 / 秋植球根植物 | 株高 15~40cm / 花朵直径：5~8cm | 别名：篝火花

花色：红● 紫● 粉● 白○ 黄●

月 份	1	2	3	4	5	6	7	8	9	10	11	12
花 期												
栽 种												
移 植												

素有"冬日盆花女王"称号的人气花卉，从冬至春接连盛放美丽的花朵。仙客来是冬季装点室内必不可少的花卉，拥有众多品系，如花朵硕大、值得一看的大花系，以淡雅色调为特征的粉彩系，花色明艳、生命力顽强的 F1 品系，小轮可爱的迷你系等。花色丰富，近年来还培育出了黄色品种。

仙客来是原产于地中海沿岸地区的球根植物，有几种原始种。比较常见的是仙客来（*Cyclamen persicum*）的杂交品种，但近来也渐渐出现了其他原始种的杂交种。

仙客来不耐寒，盆栽养护在室内，但最近出现了被称为园艺仙客来的小型耐寒品系，用于冬季花坛或花器的混栽，颇受欢迎。

花期为 10 月至来年 4 月，从秋季到冬季，盆花或盆栽苗上市出售。

与兰花等并列摆放，颇受欢迎的冬季盆栽仙客来。放置在室内光线明亮的窗边观赏。

要点！

予以充足光照

温暖的日子在室外享受日光浴。

室内往往容易光照不足，在温暖的日子将花盆拿到室外晒一晒日光浴。最适合放置在避开北风的向阳处。

向盆土浇水

掀起叶子向盆土浇水。

即使用浇花器从叶子上方浇水，也会因为叶片的阻挡而无法为盆土给水。直接向盆土浇水，切忌将水溅到花朵上。

✖ 失败原因！

遭受严寒侵袭 虽然出现了园艺仙客来等耐寒品种，但仙客来基本上依然是室内观赏花卉。盆栽在光线明亮的室内进行养护。

光照不足 室内往往容易光照不足。尽量给予充足日照。整理叶片，露出植株中心接受日照，开花会变好。

忘记摘残花 花败后，摘掉整个花梗。如果放任不管，花朵结种会导致开花不佳。

养护要点!

选购注意事项 购入盆花时，宜选择叶片繁茂，株形紧凑，带有很多花苞的植株。拨开叶片观察植株基部，若结有很多小花苞，这样的植株最为适宜。

放置场所 置于光线明亮的室内进行观赏。置于温度过高的场所或干燥环境中会影响花期，因此不宜放置在暖房养护。室内往往容易光照不足，在温暖的日子里将植株移到室外接受光照。

浇水 盆土干燥时足量浇水，直至水从盆底流出，同时注意避免溅到花朵和叶片。用水壶等向植株基部浇水。种植在底面给水的花盆里时，要时常留意水的贮量。

肥料 一周施用一次液肥。

摘残花 花败后连同花梗一起摘掉，这是使花朵接连盛开的诀窍。如果放任不管，花朵结种后会变得难以开花。

春季起的养护管理 5月左右起，养护在室外明亮通风的背阴处。一般品种（仙客来的园艺品种）即使在夏天也不会休眠，会持续生长。不必强行使其休眠。

移植在9月进行，将球根的一半露出地面进行种植。有一些品种是由品种仙客来以外的原始种培育而成，这类球根要埋在土壤中种植。

园艺仙客来的养护 在日本关东以南地区可以于室外地栽观赏。尽量选择光照条件良好，温暖的场所种植。种植在花盆或花器中的植株，适宜放置在向阳处养护，如南向屋檐下。最好不要曝露在北风中或是霜冻环境下。

摘残花

如果将残花放置不管，等到花朵结籽后会变得难以开花。请时常摘残花。

枯萎的花朵，掐住它的花梗底部边边拧拔，就能从基部拔出。

花败后结出的小花实，不是花苞所以尽早摘除。

仙客来与三色堇的混栽作品。被称为园艺仙客来的品种较耐寒，若是在日本关东以西地区，可以放置在室外观赏。

专栏 **这样的植株值得买**

拨开叶子观察植株基部，能看到许多小花苞，这就是充满活力的植株。选购这样的植株便能够长时间观赏到花朵接连绽放。

清丽脱俗的白色仙客来。

近年培育出的黄色仙客来。

| 整理叶片 | 仙客来植株基部的球根不接受光照就难以结出花苞。
整理叶片，使植株基部得以接受光照。这一行为称为"整理叶片"。 |

1　叶子繁茂，基部接收不到光照的植株。

2　将内侧叶子拉向旁边，露出植株中心。

3　整理完叶片的植株。光线能够照射到植株基部。

各种仙客来。仙客来的叶片非常美丽，有些品种也可作为观叶植物观赏。

人气颇高的深红色仙客来。

球根换盆

在高温潮湿环境下，仙客来球根可能会腐烂，夏季停止浇水，使植株保持干燥状态度过整个夏天。待到秋季换盆后再次浇水，叶片会重新萌发。

1 保持干燥状态度过整个夏天的植株。叶片全部落尽也没关系。

2 挖出球根，将旧的土壤抖落干净。

3 在花盆中加入新的营养土，舒展根系，栽种球根。栽种时将球根一半以上露出土壤。

4 栽种完成。将固体肥料作为基肥，放置于土表面。也可预先将基肥混入营养土中。

5 还有一种方法是将植株置于凉爽处，少量持续给水，使其度过整个夏天。这种情况下叶片不会掉落，因此可以带着叶子换盆。

冬季花坛的珍贵花材

羽衣甘蓝 *Brassica oleracea var. acephala*

月 份	1	2	3	4	5	6	7	8	9	10	11	12
观赏期												
播 种												
栽 种												

十字花科 / 一年生草本植物 | 株高 20~80cm / 冠幅：5~50cm | 别名：叶牡丹

花色：红● 粉● 紫● 白○

各种羽衣甘蓝的混栽。

春天的羽衣甘蓝。天气变暖时花芽会从中心长出来并逐渐长高。最终会开出像油菜花一样的花朵。

羽衣甘蓝是野甘蓝（卷心菜、包菜）和花椰菜的近缘种，是在众芳凋零、植株枯萎的冬季里，在室外也能让人享受色彩的一种珍贵植物，也是冬季花坛和冬季地栽不可或缺的珍贵存在。曝露在 10 月中旬以后的低温环境中，植株会由中心开始，逐渐变红或变白，并与外部的绿色叶片形成鲜明对比。

羽衣甘蓝在江户时代作为食用植物传入日本，后来作为冬季观赏植物开始被人们栽培，此后被培育出了各种品系和种类，在日本成了一种独特的观赏植物。近来，通过使用矮化剂形成的小型植株已经被广泛用于盆栽。

主要品系有较为耐寒的"东京圆叶系"，叶缘呈细小波浪状的"名古屋皱叶系"，叶片形状介于两者之间，变色较早的"大阪圆叶系"。新品种中的常见品种为羽衣甘蓝与原来的圆叶系品种的一代杂交种（F1）"裂叶系"。

✕ 失败原因！

错过最佳种植时间 要在寒冷天气正式到来之前完成种植。根系扎牢这点对栽培羽衣甘蓝很关键。

养护在温暖的地方 为使叶色美丽，必须将羽衣甘蓝养护在低温环境中。

过量施肥 氮肥效力过剩，叶色会变差，10 月以后不要施肥。

羽衣甘蓝与南非万寿菊、常春藤的混栽作品。

羽衣甘蓝的花朵。

养护要点!

播种 通常购买花苗进行种植，也可以播种培育。固定种的适宜播种期为7月下旬，一代杂交种的则为8月上旬。此时为暑热时期，播种后尽量在凉爽环境下养护，发芽后给予充足光照，促使株形紧凑。真叶长出2枚时，以12cm为间隔将苗移植到苗床中，待到9月左右，真叶长出7、8枚时定植。

肥料 为使叶片上色更美，切忌过量施肥。直至10月上旬结束再施追肥，此后尤其要注意不要施用以氮元素为主的肥料。

盆栽 为了培育成小型植株，将苗于9月上旬上盆，栽种在直径为12cm的圆花盆中。傍晚浇水时尽量控制浇水量，干燥养护，亦要控肥。这样培育出的小型植株，比大型植株上色早，可长期观赏。

与万寿菊、鼠尾草等秋季花卉一同种植的羽衣甘蓝。

131

奢华美丽的改良杜鹃花

西洋杜鹃 *Rhododendron hybridum*

月份	1	2	3	4	5	6	7	8	9	10	11	12
花期												
移植												
回剪												

杜鹃花科 / 常绿灌木 | 株高：20~100cm | 花朵直径：4~10cm | 别名：荷兰杜鹃、西鹃

花色：白○ 红● 粉● 橙● 紫● 多色●

分布于中国及日本的西洋杜鹃是欧洲改良的适用于盆栽的品种，是一种常绿灌木。有重瓣或褶边花等类型，多数品种均盛开极具分量感的花朵，是杜鹃花属中最为奢华且令人印象深刻的一类。原本花期在5月左右，但除了盛夏时节，几乎全年都能买到在温室调整过花期的盆花。在花朵稀少的冬季，作为拥有明快色彩的观赏植物，深受欢迎。

❌ 失败原因！

浇水不当 缺水和过量浇水的情况均需注意。花期缺水花朵会枯萎，土壤过湿则会烂根。

吹暖房的暖风 避免暖房干燥的暖风，否则会导致花苞掉落或花朵损伤。

🌱 养护要点！

种植场所 西洋杜鹃喜光照。将冬季购买的盆花放在有阳光照射的室内窗边；4月以后移至通风和光照条件良好的室外；盛夏叶片容易被灼伤，应置于半背阴场所养护；直到11月下旬气候变冷时移往室内。

浇水 西洋杜鹃为喜水植物，整年都应注意不要缺水。

肥料 花后直至夏季、来年春季开花前施用液肥。花期不施肥。

换盆 市售盆花多数都有窝根现象，花后立即换盆。弄散根球，将过长的根系稍稍剪短，重新种植到排水良好的土壤中。西洋杜鹃喜弱酸性土壤。如果想将植株养大就需要移植到大一号的花盆中。花后立即修剪。将过长的枝剪掉1/3，把植株打理成圆顶状树形。

为冬季的种植箱花园添彩

欧石南 *Erica*

月份	1	2	3	4	5	6	7	8	9	10	11	12
花期												
栽种												
移植												

杜鹃花科 / 常绿灌木 | 株高：20~100cm | 花朵直径：0.5~4cm | 别名：石楠花

花色：红● 粉● 黄● 白○

花开满枝，株形优美，所以欧石南常被用于混栽或装饰岩石花园。株形不易散乱，不需花费时间和精力修剪、打理。冬春上市的盆花多数产于南非。大多数花色、花形、株形富于变化且植株不耐寒。欧洲产的一类品种不耐暑热，多数叶色极美，如红叶品种等。花期及习性因品种而异。

❌ 失败原因！

浇水不当 由于植株不喜干燥或潮湿环境，因此注意不要缺水或过量浇水。

曝露在严寒酷暑中 不耐寒品种冬季置于室内养护，不耐热品种夏季置于通风的半背阴处养护。

🌱 养护要点！

栽种 多数品种不喜高温潮湿环境，应种植在光照充足、排水良好的地方。欧石南喜弱酸性沙质土壤。需要防寒、避暑等保护措施的品种，适宜种植在可挪动的花盆中。

浇水 地栽几乎无须浇水。盆栽待表层土壤干透时足量浇水。

肥料 生长期薄施2、3次液肥。

移植 地栽无须移植。盆栽容易窝根，1~2年换一次盆，5月时移植到大一号的花盆中。

繁殖方法 扦插繁殖。从未开花的幼枝枝梢处截取5~8cm长，扦插在干净的鹿沼土或川砂里，养护时避免干燥。约一个月后插穗能够生根。等到根扎牢时移植到塑料营养盆中。

冬春室内观赏盆花

瓜叶菊 *Pericallis hybrida*

月份	1	2	3	4	5	6	7	8	9	10	11	12
花期												
播种												
移植												

菊科 / 非耐热性多年生草本植物 | 株高：15~40cm / 花朵直径：2~10cm | 别名：黄瓜花、富贵菊

花色：红● 紫● 蓝● 粉● 白○

瓜叶菊是一种原产于北非和加那利群岛的多年生草本植物，开花时花朵接连绽放，溢满枝头。不耐热，不喜高温潮湿环境，在日本被视作一年生草本植物进行栽培，作为盆栽观赏花卉深受喜爱。从花朵直径在10cm左右的大花系至花朵直径2~3cm的小花系，蛇眼品种及覆轮品种都很受欢迎。播种培育虽然会延迟花期，但若避开寒风霜冻，也可在室外栽培。

✖ 失败原因！

遭受严寒侵袭 严冬时节的开花株是温室培育的，不耐寒，要在光照条件良好的室内养护。

缺水 花期植株充分吸水，容易缺水，当表层土壤呈半干状态时足量浇水。

🌱 养护要点！

种植场所 瓜叶菊喜光照。秋季购买的盆花，在天气变冷之前置于室外养护，寒冬时节移至室内养护。

播种 播种的适宜时期是9月下旬至10月上旬。播撒种子，等到真叶长出4、5枚时移植到塑料营养盆中。12月左右定植在花盆中。

浇水 当心缺水。向植株基部缓慢注水，当心花朵被溅上水。

肥料 肥料不足时开花会不佳，花苞可能还未开放就枯萎了。生长期时平均10天施用1次液肥。

摘残花 时常打理，在花梗基部摘掉残花。

冬季养护 暖房养护需注意。温度过高，会导致茎徒长，株形变差。

换盆 花朵变少后在生侧芽的节上方回剪。当根系从花盆底部的排水口伸出时，移植到大一号花盆中。

寒冷季节里温暖人心的经典花卉

蟹爪兰 *Schlumbergera truncata*

月份	1	2	3	4	5	6	7	8	9	10	11	12
花期												
移植												
摘茎												

仙人掌科 / 多肉植物 | 株高：15~40cm | 花朵直径：3~7cm | 别名：圣诞节仙人掌、丹麦仙人掌

花色：红● 橙● 粉● 白○

蟹爪兰原产于巴西，是一种附着在雨林的树上生长的仙人掌。它看起来像是数枚叶片连在一起，但其实是一片片茎节组成的变态茎，每片茎节都生有锯齿状突起物，看起来像蟹爪，因而得名。作为圣诞节的装饰花卉，可以用纸或者布将花盆精美地包裹起来，放置在客厅或玄关等日照充足的地方观赏。

✖ 失败原因！

遭受严寒侵袭 受冻后植株会枯萎，冬季置于室内窗台等光照条件良好的地方养护。

置于夜间照明场所 蟹爪兰属于短日照植物，日照时长低于12个小时且气温低于20℃时，一个月后即可生出花苞。对人工照明会产生反应，因此若在房间内放置不管，则难以结出花苞。

🌱 养护要点！

摘茎 一年两次。3月下旬至4月上旬留下接近地面的3~5节茎节，摘掉顶部的2、3节茎节。9月下旬至10月，摘掉所有色淡、个小的新芽。

浇水 表层土壤干燥后足量浇水。盛夏时节，表层土壤干燥后等待1~2日再浇水。摘茎后的1~2周无须浇水。

繁殖方法 用春季摘茎时摘取的茎节扦插繁殖。

换盆 盆栽，为避免窝根，平均1~2年换一次盆，移植到大一号的花盆中。

冬季养护 如果避开极寒或由于寒风导致的干燥环境，植株较容易越冬。

养花基础知识

花坛土的配置方法

在花坛中加入堆肥或腐叶土，仔细翻耕。

市售"花坛用营养土"。

为使庭院花坛的花朵美丽绽放，土壤的配置尤为关键。如果该地方最初即为花坛或农田，勉强尚可，如果是新建造的种植场所，土壤的改良至关重要。

为春天花坛做准备之前，秋冬时节是土壤配置的最佳时期。据说在施用堆肥或基肥的 1~2 周前调整土壤酸度最为适宜。

去除石头、瓦砾 如果场地中杂草丛生则需将其清理干净，将整片土壤挖近 30cm 深，并去除大块的石头、瓦砾及垃圾。细细敲碎土块。然后仔细翻耕、松土将新鲜空气送至整片花坛土壤中。

调整酸度 土壤的酸度也很重要。大多数花草喜好中性及弱酸性土壤，但日本的土壤过于"酸"，特别是问荆生长的地方土壤酸性很强，所以需要撒些石灰加以中和。每平方米撒入一两把石灰或苦土石灰，然后仔细翻耕。

混入有机物质 在撒入石灰 1~2 周后，每平方米土壤撒入 5~10L 堆肥、腐叶土等有机物质，充分混合。有机物质含量丰富，则土壤保水保肥能力强，植物容易生长。对于小型花坛，建议使用市售"花坛用营养土"。

盆栽营养土

盆栽营养土与花坛营养土基本相同，但考虑到必须以有限的土壤来培育花草树木，因此要求该土壤更加适合植物生长。将赤玉土、鹿沼土、堆肥或腐叶土等按一定比例混合，配置出适合种植植物的土壤。最近，市场上还出售一种根据用途预先配置好的土壤，如"花草用土""月季用土"等。

花草养护

为使花草健康生长、开出美丽的花朵以供观赏，日常养护至关重要，请每日精心照料它们。

浇水 水是植物生长必不可少的元素之一。特别是在花期，提供大量的水，花朵才能盛放。对于种植在庭院花坛的植株来说，除非土壤非常干燥否则不需要浇水，在花盆或花器中生长的植株则必须浇水，基本上遵循每日一浇原则。但每天还要查看情况，如果土壤不易干燥，则间隔 1~2 日再浇水。种植在庭院花坛中的植株，如果长时间没有下

每日检查是否有残花，发现后立即摘除。

雨，叶片打蔫，则需要浇水。

此外，浇水时向植株基部浇水，注意不要把水溅到花朵上。如果花朵被溅上水会损伤花朵或致使植株生病。

摘残花　三色堇或矮牵牛这类植株花开不断，可长时间观赏。但是每一朵花在几天内就会开败。我们将凋谢的花朵称为"残花"，只要发现残花便立即摘掉。因为它不仅仅有碍观瞻，而且会腐烂并引发植株生病，而结种又会削弱植株，使其难以开花。当花朵开始枯萎时，尽早从花梗根部将其剪掉。

肥料种类与施用方法

氮、磷、钾、钙、镁等元素是植物生长发育所必需的。通常土壤中富含这些元素，但若是同一场地常年种植植物，土壤中不可避免地会缺乏这些元素。肥料则起到了弥补效果。

肥料三要素　在植物生长所必需的元素中，氮（N）、磷（P）、钾（K）这三种元素对植物最为重要，往往容易不足，被称为"肥料三要素"。市售肥料的包装上标注的"N：P：K=12：10：8"，是表明这三种元素的配比。

氮元素能够促使叶子繁茂，磷元素能够促使开花结实，钾元素能够促使根茎强健。

有机肥料和无机肥料　肥料分为以动植物的有机物，如油粕、鱼粉、骨粉、鸡粪、草木灰等作为原料的有机肥料和由化学成分组成的无机肥料（化学肥料）两种类型。有机肥料富含较多的微量元素，被土壤中的微生物分解后由植物吸收，肥效缓慢持久，危险性低，主要被当作基肥使用。无机肥料价格便宜，起效快，但如果过量使用，有烧根的危险。

复合肥料是指通过化学手段将必要的营养元素结合在一起的肥料，是指含有氮、磷、钾中两种以上元素的"复合肥料"。根据加工处理方法的不同，分为缓效性肥料和速效性肥料。

液体肥料和固体肥料　肥料分为溶水施用的液体肥料（液肥）和颗粒状的固体肥料。液肥会被植物迅速吸收，起效快。固体肥料需要一点一点溶解再被植物吸收，溶解速度多种多样、各有不同。

基肥和追肥　种植花苗或植株时，预先混入庭院花坛或花盆用土中的肥料称为基肥。与此相对，在植物生长发育过程中施用的肥料称为追肥。

仔细加入基肥的同时适当追肥，被视作是一种颇为有效的施肥方法。建议基肥使用长效的固体肥料，追肥使用速效的液体肥料。

盆栽肥料的施用方法　想使盆花或是花器中的混栽植株长时间持续开花，建议在春秋生长期，每周施用一次富含磷元素的液肥。用稀释到指定倍率的液肥代替浇水，足量施用，直至液肥从盆底流出。

在植物生长发育不良的盛夏或冬季，不施肥比较安全。如果在植物脆弱时施肥过多，可能会导致烂根。

换盆

在花盆或花器中培育的植物，其根部会随着植物生长而填满花盆并且导致土壤劣化，必须每 1~3 年将植物挖出来，整理根系，在新的营养土中重新种植。常年不换盆，植物会生长不良，最终可能会枯萎。

换盆的适宜时期是春季或秋季，将长大的植株移植到大一号的花盆中，或是分株种植在多个花盆中。另外在冬季或夏季枯萎的一年生草本植物无须换盆。

**宿根草的换盆
（玉簪）**

1　从花盆中取出植株，抖落旧土。

2　将长大的植株分株。

3　剪短过长的根系。

4　将根系仔细铺开，种植在新的土壤中。

5　种植完成后足量浇水。

不可不知的园艺用语

科：生物学的分类阶元，亲缘关系相近的属系统归合为一个科。加之近来 DNA 解析等知识日益发展，出现了各种新学说，同一个科有时也被命名为不同科名。

属：生物分类阶元的一种，介于族和种之间，由一个或多个物种组成，它们具有若干相似的鉴别特征，或者具有共同的起源特征。

种：生物分类的基本单元，具有相同属性的个体集合。

品种：指同一物种内具有相对的遗传稳定性和生物学及经济学上的一致性，并可用普通繁殖方法保持其恒久性的一种分类单元。

固定品种：品种特性稳定。若不与其他品种杂交，取其结出的种子进行播种，能够得到相同属性的植株。

晚熟品种：播种或种植后要经历很长时间才能开花的品种。时间跨度短的称为早熟品种，时间跨度不长不短的称为中熟品种。

一年生草本植物：播种后一年内开花、结果以及枯萎的植物。

二年生草本植物：从萌芽到开花、结果需一年以上（两年以内），一旦结种植株会枯萎的草本植物。春季播种，即使发芽，植株当年也不会长太大，多为越冬后，次年春季起至夏季大幅生长，随即开花。

越年生草本植物：秋季播种次年春季到夏季开花的一年生草本植物，因其跨年生长而得名。

多年生草本植物：同一植株可数年持续生长的花草，如宿根草本植物、球根植物、常绿植物等。

宿根草本植物：多年生草本植物的一种，冬季植株地上部分枯萎，地下的根、茎、芽等依然存活，到了春季再次萌芽生长，可在室外过冬。

地被植物：用来覆盖地表的植物。通常是低矮、生命力顽强的植物。

共生植物：由于就近种植或混植，互相形成紧密互利关系的植物。有的在花色、花形等观赏层面互利，也有的在生理层面互相带来好的影响。

短日照植物：秋季白昼变短的时节发芽、开花的植物。

长日照植物：春季白昼变长的时节发芽、开花的植物。

山野草：与改良品种的园艺植物相对，意指山野、草原自生的花草。近来，它们的芽插等栽培品种大量上市。

耐寒性：耐受寒冷的性质，用强弱程度来表示。

耐寒植物：抗寒，能够耐受 0℃ 以下低温的植物。冬季也可在室外养护。

半耐寒植物：能够耐受接近 0℃ 的低温，如果不遭受霜冻侵袭，可在室外越冬的植物。

不耐寒植物：不耐寒，不加温就不能越冬的植物。

耐热性：耐受炎热的性质，用强弱程度来表示。

抗病性：不容易生病的性质。

匍匐性：伏地而生的植物的生长特性。

光合作用：植物吸收光能，把二氧化碳和水等作为原料合成糖、淀粉等富能有机化合物。

自花授粉：雌蕊接受同一朵花或同一植株花朵花粉的现象。

雌雄异花：雄花有可育雄蕊，没有雌蕊或雌蕊不育。雌花有可育雌蕊而没有雄蕊或雄蕊不育。

雌雄异株：雌花与雄花分别生长在不同的植株上。

授粉树：雌株或是自花花粉不受精的树，提供花粉的树。

落叶树：秋季落叶、冬季没有叶片附着的树木。

矮生：植物娇小，株高较低。

暗发芽种子： 厌光种子。

厌光种子： 在光照下难以萌发的种子，厌光类型，亦称暗发芽种子。播种后要覆土，厚度是种子大小的三倍。

光敏感种子： 需要光照才能发芽的种子。播种后只需覆薄土。亦称喜光种子。

明发芽种子： 光敏感种子。

自然落种： 栽培的植物结实后自然掉落的种子。

子叶： 种子萌芽时最早长出的叶子。

真叶： 相对于种子最初长出的子叶，指此后长出的叶子，多与子叶形状相异。

梗： 花或果实的基部与茎或叶腋相连的部分，亦称柄。

子房： 雌蕊基部略微膨大的地方。子房肥大可发育成果实。

花序： 许多花按一定顺序排列的花枝。

头茬花： 植株最先开的那茬花。

四季开花型： 花期几乎从春季持续到秋季（也有冬季也能开花的品种）。有一些热带植物在一定温度下可以持续开花，但受日本的气候影响，一季开花的花卉比较多。

匍匐茎： 由母株抽出的茎，长到一定程度后可生根育成子株。常见于筋骨草等地被植物中。

腋芽： 与茎顶端生出的芽（顶芽）相对应，从叶腋处生出的芽。

叶芽： 即使生长也不会结出花蕾的芽。能发育成枝和叶的芽。

芽变： 突变的一种，芽具有了不同的性质。人们常利用月季等植物的这种突变枝通过嫁接等繁殖方法，培育出新品种。

花芽： 会长出花朵的芽。继续生长会结出花蕾，是开花枝的雏形。

花芽分化： 植株生长点分化花芽的过程。受光照、温度等条件影响。因种类不同，分化条件及时期各异。

直根： 与地上部分的主干正相反，竖直向下生长的粗根。

球茎： 节间短缩，贮藏养料的器官，肥大呈球状，或扁球状。

根球： 在花盆或塑料培养盆中培育的花苗，根系张开连带土壤固定成了花盆的形状。根系较多的根球可以稍微打散一些再种植。

烂根： 由窝根、过湿、高温、低温、肥料过多等原因引起的根部腐烂。

窝根： 花盆或花器中长满根系，生长空间变得狭小，根系处于透气性、排水性、养分吸收能力变差的状态。

生理障碍： 由于肥料、水分、光照不足等环境条件导致的生长障碍。易与病虫害混淆，使用杀虫剂、杀菌剂无效，所以要注意。

徒长： 茎叶生长过长，由光照不足、密植、水分及氮元素过量、高温等原因引起。

休眠： 植物在不适宜生长的环境中，发育暂时性停止的现象。

残花： 枯萎、开败的花朵。若无须取种，则尽早摘除。

半背阴： 叶间漏光处，或采用寒冷纱等进行遮光的场所。又或是一天有 3~4 个小时光照的场所。

耕植土： 适合栽种植物，富含有机物质的土壤。

营养土： 用花盆或花器栽培时，种植植物使用的土壤。

由土壤堆肥、其他肥料等混合制成。

腐叶土： 将落叶发酵腐熟而成的土壤改良材料。肥料成分含量不高，但有改善土壤透气性的作用。

根瘤菌： 与豆科植物根部共生并形成根瘤的细菌。豆科植物的根瘤菌能固定空气中游离的氮气，有为植物提供养料之效。

土壤酸度： 土壤酸性强度。用pH值来表示。pH值为7，土壤呈中性，小于7呈酸性，大于7呈碱性。日本的土壤偏酸性，因而多用石灰进行调节。

土壤改良材料： 为了使土壤适宜植物生长而混入土里的材料，如堆肥、腐叶土等。

草木灰： 草本、木本植物燃烧后的灰烬，作为富含钾元素的有机肥料使用，具强碱性。

苦土： 氧化镁。辅助叶片进行光合作用的要素，缺乏时叶片颜色不佳。

苦土石灰： 含有苦土的石灰，可以调整土壤酸碱性。借助苦土和石灰，调整土壤的酸碱性。易于使用，颗粒状。

木醋液： 烧制木炭过程中出现的茶褐色液体。pH值为2~3，具强酸性，被视作有效的土壤改良剂或驱虫剂。

堆肥树皮： 如杉树等的碎树皮。除了用于覆盖之外，还用作发酵土壤和堆肥的材料。

直接播种法： 在花坛、花盆等植物生长的场所直接播种。

点播： 播种方法之一。每隔一定距离在一处撒几粒种子的一种播种方法。

撒播： 播种方法之一。将种子均匀地撒于地表。

盆播： 将种子播种在塑料花盆等中。不喜移植的植物可以采用直接播种法或是盆栽，注意不要损伤根系。

春播： 春季播种。春季播种培育的栽培方法。

实生： 由种子发芽而得幼株，播种培育方式。

覆土： 播种后的盖土行为。通常覆土厚度是种子大小的三倍。光敏感种子只需薄薄地盖一层土。

发芽适宜温度： 种子出芽的适宜温度，因植物种类而异。

穴盘育苗： 播种时不直接将种子播在开花的场所，而是以移植为前提播种到育苗盘中。

穴盘苗： 采用塑料制小型单元格状穴盘培育的小型苗。

育苗： 通过播种或扦插等方法培育植物苗。

定苗： 间苗后留下一株壮苗。

浅植： 栽种花苗或球根时，浅于通常的栽种深度种植。

移植： 把花苗或植株种植到新的场所。将种子发芽长成的苗种植到塑料营养盆中（上盆），或是将盆栽苗种植到花坛或花器等中（定植）。也用于将整株植物移至其他场所。

定植： 将苗木种植在栽培地。

成活： 花苗移植到花坛等场所后生根。生根后开始生长。

株间距： 在花坛等场所种植花苗时，植株与植株之间的间隔距离。一般根据植株大小进行计算。

培土栽培： 在小的苗木或植株的根部堆土。能够防止植株倒伏，促使其牢牢扎根。

间苗： 为保证幼苗有足够的生长空间，将多余的幼苗予以拔除。有时也采用剪除的办法。选留生长良好的幼苗，剔除过大或过小的苗。播种后不发芽，或者育苗阶段幼苗枯萎，人们通常会基于这样的设想而大量播种，然后配合生长阶段按序减少植株数量。

护根：用腐叶土、堆肥、稻谷壳、稻草等覆盖植株根部周围。能够有效防止因雨水导致的泥土溅跳及土壤干燥、冬季低温。

修剪：为了调整树形或抑制植株长得过大而剪枝。可通风、透光，集中养分使其更好地开花。

整枝：为了整理树形而进行修剪、牵引，摘掉主枝顶端的顶芽，摘掉腋芽，用铁丝钩挂等。可使养分集中供给残留部分，也有通风、透光之效。

深剪：抑制植株生长或以整形为目的剪掉植株大部分茎枝，多于平时的修剪量。

摘心：为抑制枝条旺长或促进腋芽萌发，将旺长枝条的顶芽摘除或剪掉。亦称打尖。通过摘心促使植株形成丰满茂盛的株形。

摘蕾：摘除花蕾。花朵大量盛放会导致养分分散，摘蕾能够促使植株开出漂亮的花朵。

分株：将长大的多年生草本植物分割为 2 株以上，分割后种植，是一种繁殖方法。也有使植株重新焕发活力之效。

枝插：剪取植物的枝插入土中，使其生根、发芽，长成独立的新植株。

芽插：把草本植物的茎插入土中，使其生根、发芽，长成独立的新植株。

杂交：具有不同性质的植物个体间进行受粉、育种。产生的后代称为杂交种。人工育种的情况称交配。

交配：以品种改良等为目的，使不同性质的植物个体间完成受粉、育种。交配产生的后代称为杂交种。近来人们也将不同种、属间品种进行交配。

F1 品种：通过杂交手段培育出杂种品种。即使取其种进行播种，也不会长成与亲本相同的植物。

中耕：栽培的途中，疏松植株间及周围的表层土壤，促进排水透气。

牵引：借助支架引导藤蔓植物攀爬固定的作业。

嫁接苗：将抗病能力强的强健品种嫁接到砧木上长成的苗木。在月季中，通常是嫁接在强健的野蔷薇上得到嫁接苗。

叶水：给叶片浇水。目的是清洗上面的灰尘和红蜘蛛，给植株降温，提高空气湿度。

遮光：展开寒冷纱等遮挡光线。对于不耐热植物，盛夏适宜遮光，保持凉爽。

寒冷纱：用于调整光线的网条状布。此外也用于防寒。

铁环支架：牵牛花、铁线莲等藤蔓植物支架的一种。用 2、3 个铁环将数根支架固定住，藤蔓沿着铁环支架呈螺旋状环绕。主要用作盆栽支架。

花器：种植植物的容器。在日本一般指大型器具，小型容器称为花盆。

木格栅：由很窄的木条组装而成的格子状木架，植物可以借助其攀缘，也可用于悬挂花盆及吊篮。

藤架：为牵引月季等植物的藤蔓攀爬，用木材制成的格子状棚架。

条形花盆：长方形大花盆。大型的圆形、正方形花盆常被称为种植箱。

镶边花坛：沿树篱或墙壁而建的带状细长花坛，也叫"边界花坛"。

高架床：用砖瓦堆砌，高出地面一段距离的花坛。

礼肥：对开花后疲惫的植物施用的肥料，能够促使植株恢复长势和活力。一年生草本植物，无须施用礼肥。

基肥： 种植植物前预先在土壤中施用的肥料。使用伴随植物生长缓慢起效的缓效性肥料或油粕等有机肥料。

追肥： 播种、栽种后，为满足植物生长发育施加的肥料。使用速效肥料做追肥。

液肥： 液体肥料的简称。可以将原液稀释后施用，或将粉末状肥料溶于水中使用，也有直接使用的。有速效性，多被用于追肥。也可用于喷洒叶面。

化学肥料： 化学工业制造的肥料。根据所含成分可分为单质肥料和复合肥料。

复合肥料： 氮、磷、钾中含有两种或两种以上营养元素的化学工业制造的肥料。

缓释肥料： 养分释放速度缓慢，肥效较长的肥料。不必担心起效急从而伤害根系。

速效肥料： 施加后可迅速被植物吸收起效的肥料，如液肥等。

堆肥： 作物茎秆、树皮及家畜粪便等混合，使其发酵腐熟，分解成肥料。能够增加土壤透气性及保肥能力等，作为土壤改良剂使用。

腐熟堆肥： 原料中有机物质完全分解，充分腐熟的堆肥。

无机肥料： 人工合成的含有三要素及微量元素的肥料。肥效高，多数具有速效性。

有机肥料： 油渣、骨粉、鸡粪、鱼粉等来源于动植物的肥料。几乎都具有迟效性，很多在经由微生物分解后显现肥效。含有微量元素。

叶面施肥： 用专门的液体肥料喷洒在叶片上。有效成分可被叶片直接吸收，迅速起效。

油渣： 菜籽、花生、大豆等作物榨油后剩下的残留物，

补充氮元素的有机肥料。

三要素： 肥料三要素。植物生长大量所需的三种营养元素。分别是被称为叶肥的氮元素，花肥的磷元素及根肥的钾元素。

钾元素： 肥料三要素之一，能够促使根茎健壮生长。

磷元素： 肥料三要素之一。开花结实所必需的，因此亦称花果肥。肥料不足时开花、结实不佳。

氮元素： 肥料三要素之一。叶子生长所必需的元素，有叶肥之称。植物缺氮元素时叶子小且色淡。

氮肥： 富含氮元素的肥料，如油渣、尿素等。

微量元素： 除氮、磷、钾元素以外，植物生长所必需的元素。有极少量即可，因而称之为微量元素。需求量相对较高的钙、镁元素称为"中量元素"。

展着剂： 喷洒农药时，为使药液更易附着在植物茎叶、害虫体上而添加的药剂。

烧叶： 强日光直射导致叶片损伤。叶片变成褐色无法恢复如初。

肥烧： 肥料用量过多，浓度过高等引起的植株生理障碍。叶片和新芽会枯萎。盆栽宜大量浇水冲洗肥料。

连作： 同一场所持续种植同一种类或同一科的植物。因植物种类而异，会引发连作障碍，植株生长不良。

连作障碍： 同一场所反复种植同种作物，引发的作物生长异常现象。特定养分的缺乏和过剩，引起作物自身中毒成分的积累，病虫害的增殖都被视作引发原因。

忌地现象： 连续在同一片土壤上栽培同种植物引起的植物生长发育不良现象，也是被称为"连作障碍"，种植蔬菜时应特别注意。

晚霜： 晚春至初夏时节的霜。春季种下的花苗，其新芽遭受侵害的情况较多。

はじめての花づくり

© SHUFUNOTOMO CO., LTD. 2016

Originally published in Japan by Shufunotomo Co., Ltd
Translation rights arranged with Shufunotomo Co., Ltd.
Through Shanghai To-Asia Culture Co., Ltd.

书籍设计 / 釜内由纪江　石川幸彦（GRiD）

插　　图 / FUJISAWA MIKA　堀坂文男

校　　正 / 大塚美纪（聚珍社）

合作摄影　照片拍摄 / ARSPHOTO企画　五百藏未能　今井秀治　小须田进　泽田和廣
　　　　　　　　　　　畑博己　福冈将之　主妇之友社写真科

合作编辑 / 久一哲弘

责任编辑 / 大西清二（主妇之友社）

本书由主妇の友社授权机械工业出版社在中国境内（不包括香港、澳门特别行政区及台湾地区）出版与发行。未经许可之出口，视为违反著作权法，将受法律之制裁。

北京市版权局著作权合同登记　图字：01-2019-6066 号。

图书在版编目（CIP）数据

100种易养花草图鉴及栽培技巧 / 日本主妇之友社编；
孙梦玲译. — 北京：机械工业出版社，2021.8
（养花那点事儿）
ISBN 978-7-111-68563-0

Ⅰ．①1…　Ⅱ．①日…　②孙…　Ⅲ．①花卉-观赏园艺-图集　Ⅳ．①S68-64

中国版本图书馆CIP数据核字（2021）第124120号

机械工业出版社（北京市百万庄大街22号　邮政编码100037）
策划编辑：于翠翠　　责任编辑：于翠翠
责任校对：炊小云　　封面设计：张　静
责任印制：郜　敏
北京瑞禾彩色印刷有限公司印刷

2021年8月第1版第1次印刷
148mm×210mm·4.5印张·2插页·134千字
标准书号：ISBN 978-7-111-68563-0
定价：39.80元

电话服务　　　　　　　　网络服务
客服电话：010-88361066　　机 工 官 网：www.cmpbook.com
　　　　　010-88379833　　机 工 官 博：weibo.com/cmp1952
　　　　　010-68326294　　金 书 网：www.golden-book.com
封底无防伪标均为盗版　　机工教育服务网：www.cmpedu.com